中国建筑技术集团有限公司　　组织编写
中国建筑科学研究院有限公司

陈晓雷　孙海燕　郭庆文　郭荣凯　杨晨雨　主编

# 科研办公类建筑设计 案例解析

## Case Analysis of Research and Office Building Design

中国建筑工业出版社

**图书在版编目（CIP）数据**

科研办公类建筑设计案例解析 = Case Analysis of Research and Office Building Design / 中国建筑技术集团有限公司，中国建筑科学研究院有限公司组织编写；陈晓雷等主编 . —北京：中国建筑工业出版社，2023.12
ISBN 978-7-112-29397-1

Ⅰ.①科… Ⅱ.①中… ②中… ③陈… Ⅲ.①科学研究建筑—建筑设计—案例 Ⅳ.① TU244

中国国家版本馆CIP数据核字（2023）第241150号


责任编辑：张文胜
责任校对：赵　颖
校对整理：孙　莹

科研办公类建筑设计案例解析
Case Analysis of Research and Office Building Design

中国建筑技术集团有限公司
中国建筑科学研究院有限公司　组织编写
陈晓雷　孙海燕　郭庆文　郭荣凯　杨晨雨　主编
　＊
中国建筑工业出版社出版、发行（北京海淀三里河路9号）
各地新华书店、建筑书店经销
北京海视强森文化传媒有限公司制版
天津裕同印刷有限公司印刷
　＊
开本：787毫米×1092毫米　1/16　印张：11½　字数：216千字
2024年1月第一版　2024年1月第一次印刷
定价：**145.00**元
ISBN 978-7-112-29397-1
（42024）

# 总 序

中国经济进入新常态，城市发展方式随之转变，当前建筑行业面临的机遇和挑战并存。

一方面，随着城市化进程的推进以及政府对行业利好政策的加持，建筑行业持续保持稳定的发展态势。当下，转型升级是建筑业的主旋律，大力发展绿色低碳建筑，稳步推广装配式建造，加大建筑新能源应用，积极推进城市有机更新为建筑行业提供了广阔的发展前景；随着信息化技术的发展，建筑行业迎来了数智化转型机遇，BIM 技术、云计算、物联网、互联网＋、人工智能、数字孪生、区块链等对建筑业的发展带来了深刻广泛的影响，成为推动建筑业转型发展的核心引擎。同时，随着中国建筑企业实力的不断增强，以及"一带一路"倡议的推进，越来越多的中国建筑企业走出国门，参与国际市场竞争，为建筑行业提供了全球化的发展空间和机会。

另一方面，在过去几十年中，大规模的基础设施建设和城市化进程已基本满足市场需求，城市空间资源逐渐紧张，建筑行业进入存量发展阶段，市场份额减少、盈利难度增加、过度竞争与资源浪费，不断挤压着建筑企业的生存空间。与此同时，随着人们对精神需求的重视、生活方式的改变、节能环保意识的提高，对建筑设计行业提出了更高要求，如何在保障建筑质量的基础上综合考虑功能性、舒适性、环保性等诸多因素，打造出让老百姓住得健康、用得便捷的"好房子"，成为建筑行业亟待解决的问题。

建筑规划设计要走创新发展之路，以不断提高建筑的质量和性能，满足现代社会的需求，需要从多个方面进行探索和实践：应注重可持续发展，采用可再生能源和节能技术，提高建筑的环境友好性和可持续性；结合新兴技术，借助数字化赋能，对建筑设计进行优化和预测，提升设计效率和质量，同时通过智能化管理提高建筑运营效率；将以人为本的理念融入建筑设计，关注、尊重人的需求与特性，提升建筑的舒适度和便捷性；在建筑设计中融入地域、文化、传统等要素，和而不同，设计出独特而多元化的建筑作品。

　　中国建筑技术集团有限公司成立于 1987 年，系央企中国建筑科学研究院有限公司控股的核心企业。历经三十多年的发展，依托品牌与技术优势，已经成长为一家覆盖规划、勘察、设计、施工、监理、咨询、检测等业务的全产业链现代化综合型企业。项目遍及全国各地，作品得到社会各界的赞誉，历年来所获各类奖项不胜枚举。作为建筑领域的"国家队"，中国建筑技术集团有限公司肩负着引领中国建筑业创新发展的使命，通过加强技术创新和管理提升，不断提高核心竞争力来适应市场需求的变化。当前，策划推出的建筑规划设计案例解析系列图书，旨在梳理近些年建筑规划设计项目的最新成果，分享实践经验，总结技术要点及发展趋势，以期推动建筑行业健康可持续发展。

　　此次出版的案例解析系列图书包含四册，分别为《城市综合体建筑设计案例解析》《文体教育类建筑设计案例解析》《科研办公类建筑设计案例解析》《城乡规划与设计案例解析》，凝聚了几百位建筑师、工程师的设计理念与创新成果，通过对上百个案例的梳理，从不同专业角度进行了深入剖析。其中不乏诸多对新技术、新产品的运用，对绿色低碳设计理念和设计手段的践行。

　　通过实际落地的优秀设计案例分享，带读者了解建筑设计中那些精妙的建筑语言、设计理念、设计细节，以全视角探寻设计师的内心世界，为建筑行业从业者和广大读者提供参考资源。相信本系列图书的出版将会进一步推动我国勘察设计行业的创新发展，为我国未来建筑业的高质量发展做出应有贡献。

中国建筑科学研究院有限公司党委书记、董事长

# 序

"建筑是一门社会性艺术，我们有社会责任确保我们所呈现出的建筑设计不仅能满足功用、创造健康舒适的空间，更能够提供精神上的愉悦。"我想以这句话作为本书序言的开头。在这本书中，我们将看到研发中心、商务写字楼、综合办公楼、高新科技企业研发总部和产业园区等不同种类的科研办公建筑案例，这些都是设计师们充满智慧和创新的设计成果。通过它们，我们可以看到"设计"如何在解决实际问题的同时，为使用者带来良好的体验。

随着经济的繁荣和科技的进步，科研办公类建筑的设计理念和实践也在日新月异的变化中展现新的风采。办公类建筑设计不仅要兼顾实用性、美观性以及符合后续使用的可持续性要求，还需要整合各类新兴技术，满足多方面的人文需求，其活动空间应以能否激发办公人员的潜在灵感、发挥其最大价值为出发点。同时，科技发展带来科研内容、科研方法的不断演变，进而使科研类建筑的空间、形态及各种属性发生更新迭代。科研类建筑的设计发展趋势表现为从注重功效到注重人性化设计，其功能从单一学科属性到多学科融合，其方式从独立科研到资源共享，其空间从封闭走向开放，其布局从水平展开到立体集成。对于设计师而言，这些无疑是巨大的挑战，同时也带来了探索和创新的契机。

此外，我国的相关政策已经从单纯的"建设"导向，逐渐转变为"绿色建设"，强调建筑与环境的和谐共生，倡导低碳、绿色、智慧等高质量发展理念。建筑师需要将这些理念应用到科研办公类建筑的设计中，通过更节能的材料选择、更科学的空间布局、更绿色的建筑技术应用，为建设更具可持续性的科研办公环境贡献力量。

正因为如此，本书的出版具有很好的现实意义。它不仅为读者提供了丰富的设计理念和技术，也为更多的设计师和研究人员提供了解决实际问题的参考依据。通过对这些代表性设计案例不同专业的解析，可以看到不同类型的科研办公类建筑设计在满足功能性需求的同时，如何融入创新理念，如何利用新技术，如何整合多元化的元素，呈现给我们许多新的启发。

愿本书能为读者带来新的思考，激发新的灵感，促进实践运用，将科研办公类建筑设计推向新的高度。

崔彤

全国工程勘察设计大师

中国中建设计研究院首席总建筑师

中科院建筑设计研究院特聘首席总建筑师

中国科学院大学教授、博导

# 前言

　　随着人们精神文化需求的不断提升,建筑追求个性化设计的趋势日益明显,科研办公类建筑的设计更加趋向人性化。科研办公类建筑不再是单一的功能性建筑,而要兼顾个性、人性、城市化等多个因素。因此,在进行科研办公类建筑设计时,建筑师需要充分结合周边环境,与当地文化相协调,在展示个性和风格的同时,提高建筑的形象,使其不仅满足实际需求,更应成为城市的标志性建筑,为周围环境注入一份艺术的灵魂。

　　首先,科研办公类建筑的设计必须与城市环境融洽相连,以一种高度协调的方式融入城市的肌理。通过先进的规划理念,科研办公类建筑能够与周围环境形成巧妙的互动,创造出流动而有机的城市景观。在城市交通规划中,科研办公类建筑和立体交通的交汇,可赋予建筑更开放的特质,使其与城市的脉动相融合,构建出充满活力的城市空间。其次,现代办公建筑不再仅是单纯的办公场所,需要在设计中融入艺术的元素,使其不仅是一个实用的建筑物,更是城市文化的符号,承载城市精神的象征。

　　科研办公类建筑的独特性主要体现在其专注于服务办公和科研人员的特殊需求上。这要求办公区域不仅要提供高效的工作、研究空间,更应满足人员对私密性和环境噪声的特殊需求。设计师需要认真思考如何创造一个既有利于团队协作,又满足于个体专注工作的理想环境。通过采用先进的适应性设计理念,科研办公类建筑的内部空间需要实现灵活变换,根据实际需求进行智能布局,实现空间的最大化利用。这样的设计理念既提高了工作效率,更体现了对科研人员个性化需求的尊重。同时,在建筑环境和场所设计中,建筑师们越来越注重生态和环保理念,强调"以人为本"的人性化设计,积极主动地回应办公人员的需求,打造健康舒适的办公环境,为工作人员提供更放松的工作环境。在这个过程中,设计师们不仅注重科研办公类建筑的实用性,更注重为建筑赋予丰富的交流功能,避免办公用房的枯燥乏味感,激发使用者合作与创新的活力。

　　本书的编写旨在通过深度解析多个商务科研类和产业服务类科研办公建筑案例，为读者呈现科研办公类建筑设计的前沿趋势和实际应用。每一个案例都从不同的专业角度去挖掘其中的技术亮点以及在实际运用中所带来的效果。我们期望本书能为建筑设计领域的从业者提供启发和借鉴，为未来的建筑设计注入更多创新的活力，共同推动科研办公类建筑设计领域的不断创新与发展。

　　本书是项目设计师、参编人员和审查专家的集体智慧，在本书出版发行之际，诚挚地感谢长期以来对中国建筑技术集团有限公司提供支持的领导、专家及同行！书中难免存在疏忽遗漏及不当之处，恳请读者朋友批评指正。

本书编委会

2023 年 12 月

# 目录
CONTENT

## 商务科研类
Business and Research Buildings

# 产业服务类

Industrial Service Buildings

134－183

Business and Research Buildings

商务科研类

合肥『新城国际』商务写字楼

中交财富中心

中国移动保定分公司项目

欧菲光总部研发中心

四维图新合肥大厦

中科曙光全球研发总部基地

山西河津市政务中心和市委党校建设工程项目

慧聪互联网产业基地（慧聪大厦）建设工程项目

罗湖区笋岗街道城建梅园片区城市更新（标段三）

2018首届绿建大会国际可持续建筑设计（12号）

2018首届绿建大会国际可持续建筑设计（02号）

明湖100文化艺术综合办公楼

北京世园公园建筑物装修节能改造一期工程

# 合肥"新城国际"商务写字楼

## 01/ 项目概况

    该项目位于合肥新城区办公区域相对集中的地块。交通便利，各种环境条件十分优越。办公场地群体效应突出。

    该项目地上 46 层，地下 4 层；建筑面积：地上 87583m²，地下 37195m²。主要面对合肥办公场所投资及租赁市场需求，以增加使用效率、降低维护费用。

日景鸟瞰图

# 02/ 设计理念

## 1. 设计理念："创新构思"

（1）文化性：单体建筑设计要尊重办公的整体氛围和文化个性，力求新建筑既具有强烈的文化内涵，又能与周边环境融为一体。

（2）持续性：提高使用效率，努力提高得房率、重点在于减少公摊面积，增大使用的灵活性。得房率为74%，在高层建筑中尤为珍贵。

（3）生态性：设计中尽量利用气候的有利因素，用自然的建筑手段来提高室内环境和物理性能，并减少机械作业，实现节能和环境保护的生态要求。尽量东西两侧错位开洞，让每层都有室外空间，便于休闲通风，体现可持续、可呼吸的建筑设计理念。

（4）技术性：本建筑为188m的高层点式建筑，新技术的运用对提高建筑质量、减少建筑投资、缩短建筑周期等方面具有重要意义。

（5）经济性：经济性包括首次投资建设费用和建筑使用年限内的维护费两部分，投资建设费用由甲方自筹解决，因此应尽量提高建筑的性价比，设计出高效的使用空间。同时，建筑应有利于维护费用的降低，以减少业主的负担。

（6）交通组织设计：核心筒采用十字形核心筒布置，既缩短电梯厅到达各方向的距离，又压缩了核心筒的建筑面积，便于商业写字楼的使用。

## 2. 场地和建筑

建筑东西向长46m，南北向长43m。底层层高5.4m，二～四层层高4.8m，办公及避难层层高4m，建筑总高度188m。形象设计既与已建建筑A/B/C楼整体呼应，融为一体，又有其独特个性。采用现代主义设计手法，犹如一个方形的"盒子"，通过对体块的雕刻，形成挺拔有致的立面形态，简洁而富于时尚感。

主入口的大台阶、悬挑的平台等既是功能直接体现，又充满力度和动感，带给人强烈的视觉冲击，体现大楼朝气蓬勃的精神气质。同时，通过玻璃、金属等材料的运用，使建筑形象轻灵、通透、富于时代气息。

夜景鸟瞰图

# 03/ 技术亮点

## 1. 结构和材料

拟建场地抗震设防烈度为 7 度，设计地震基本加速度为 0.10g，设计地震分组为第一组，场地类别 II 类，场地特征周期 0.35s，建筑结构安全等级为二级，抗震设防类别为丙类（标准设防类），建筑高度超过《高层建筑混凝土结构技术规程》JGJ 3—2010 表 4.3.2—1 及《建筑抗震设计规范（2016 年版）》GB 50011—2010 表 6.1.1 规定的 130m 限制，属高度超限的高层建筑，需报超限高层建筑抗震审查专家委员会进行抗震设防专项审查。该工程基本地震加速度提高至 0.111g，水平地震影响系数最大值提高至 0.093；多遇地震及 50 年一遇的 1.1 倍风压下，保证剪力墙（含墙肢、连梁）、所有框架柱、梁及关键构件至四十七层屋面悬臂梁处于弹性；剪力墙墙肢及框架柱中震时底部加强区受剪弹性、受弯不屈服，非底部加强区不屈服；框架梁中震时部分屈服、关键构件至四十七层屋面悬臂梁中震下受剪弹性、受弯不屈服；穿层框架柱中震弹性；剪力墙墙肢罕遇地震下满足抗剪截面控制条件、抗弯局部屈服；在罕遇地震时剪力墙连梁和框架梁中度损坏、大部分屈服，穿层框架柱受剪弹性、受弯不屈服，普通框架柱及关键构件至四十七层屋面悬臂梁不屈服。通过以上一系列措施加强。地下三层～地上二十层，采用钢骨（劲性）柱，其他混凝土柱，核心筒为混凝土结构。柱：地下一～地下三层，1400mm×1400mm 劲性柱；地上一～五层，1250mm×1250mm 劲性柱；六～二十层，1200mm×1200 mm 劲性柱柱内型钢随建筑物高度调整；二十一～二十六层，1200mm×1200mm 混凝土柱；二十七～三十一层，1100mm×1100mm 混凝土柱；三十二～三十六层，1000mm×1000mm 混凝土柱；三十六层以上，900mm×900mm 混凝土柱。抗震等级为一级。劲性柱轴压比控制在 0.7 以内。核心筒剪力墙：地下三层～地上五层，核心筒四周剪力墙厚 800mm；核心筒中间十字形通道两侧剪力墙厚为 350mm，其他内部剪力墙为 250mm；六～十三层，核心筒四周剪力墙厚 700mm，其他剪力墙不变；十四～三十二层，核心筒四周剪力墙厚 600mm，其他剪力墙不变；三十三～四十层，核心筒四周剪力墙厚 500mm，其他剪力墙不变；四十一～四十六层，核心筒四周剪力墙厚 400mm，其他剪力墙不变；出屋面核心筒四周剪力墙厚 350mm，其他剪力墙不变。等级为一级。梁：主梁 600mm×700mm，次梁 400mm×550mm、300mm×700mm，抗震等级为一级。混凝土强度等级：墙柱为 C40～C60；梁板、楼梯为 C35～C40；钢材主要为 Q345B、钢筋主要为 HRB400。

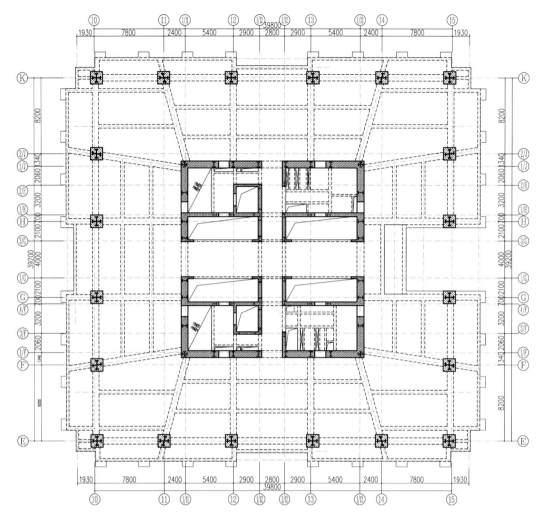

典型结构平面图

## 2. 暖通空调

该工程采用水环热泵集中空调系统，分设高区，低区。

（1）为提高标准层办公有效空间，不影响办公环境，空调室外机分别设于屋顶、十六层、三十二层避难层，

（2）地上空调新风采用吊顶式新风换气机，系统按楼层设置，每层设 4 台新风机，吊在办公走道顶棚内。从核心筒内布置管网，节约空间。

（3）地下一层商业采用智能变频多联机空调系统。空调新风系统按防火分区设置，采用直接蒸发式新风机组。在无直接对外出入口的防火分区，空调新风兼作火灾排烟时的补风。

（4）消防控制中心、变电所、弱电机房等，考虑其使用的灵活性和特殊要求，单独设置风冷热泵型分体空调器。

（5）空调末端为各自独立压缩机的吊顶式空调器，冷却塔按空调高、低区设置，均设在主楼屋面。

（6）空调热源为城市热网提供的蒸汽，通过汽－水热交换器产生空调热水，高区与低区分别设置换热器，均布置在三十二层避难层的设备间。高区冷却塔为密闭式冷却塔，保证进入空调末端的水质；低区冷却塔为开式，在三十二层避难层设置板式换热器，二次水提供给低区空调末端。循环水泵设于三十二层避难层。

## 3. 给水排水

### （1）给水系统设计

1）串联给水方式

该工程层数较多，为了能够确保给每一层提供正常生活以及工作用水，常采用串联给水方式。这种方式不仅能够减少竖向立管，节约管材用量以及机房的面积，而且还能减小给水泵的压力，提高给水系统的工作稳定性以及经济性。

2）并联给水方式

并联给水方式的水泵相对集中，为了不占用楼层面积，通常布置在超限高层建筑的地下室中，便于后期的维护工作。但是并联给水方式需要增设竖向立管而且高压泵的压力很高，需要结合避难层设置传输水箱以及水泵。

因此，为了获得更好的经济效果，该工程给水系统将并联给水方式与串联给水方式相互配合使用。

3）高位水箱和变频泵

供水系统设备中高位水箱和变频泵有着非常重要的作用。其中高位水箱的供水特点主要是将自来水储存在水箱，然后再输送到各个用水点，在此过程中主要是依靠高位水箱的重力差实现供水；而给水泵则是利用水泵直接将自来水输送到各个用水点，整个过程主要通过电力进行供水。高位水箱在使用过程中具有更加安全、可靠以及节能的优势，所以在超限高层建筑中的应用最为普遍。

（2）排水系统设计

该工程排水系统设计包括生活废水、污水以及屋面雨水的收集和处理系统。分为室内排水和室外排水系统两大类，其中室内排水对于生活废水、污水的收集有分流或者合流两种形式，在设计时根据建筑所在城市的排水制度最终确定。以下对该建筑的排水系统设计进行探讨：

1）排水管的承压

重力排水管属于非满管流，重力雨水管属于满管流，而且两者均不属于压力流系统，在设计承压等级时不能单方面以排水管高度进行判断。而且由于超限高层建筑受到高度以及层数的影响，为了确保排水系统的安全性以及稳定性，重力水管通常采用承压较高的金属管材，例如衬塑钢管以及加厚的不锈钢管。

2）单立管排水

现阶段超限高层建筑常见的单立管排水系统可以分为苏维托系统、螺旋管／细长接头系统以及螺线管系统。

（3）消火栓系统

该建筑的消火栓系统分为室内、室外两种。室内的消火栓系统应该配合高压或者临时高压给水系统，通常采用二次加压的形式使高层水压达到消防要求，消火栓超压后，使用减压、稳压消防栓；室外低压给水管道的消火用水量不应该小于 0.10MPa。

## 4. 电气及智能化

（1）该工程为超高层建筑，避难间照明、应急照明、消防水泵、消防风机等重要消防设备为一级负荷中特别重要负荷，走道照明、客梯、排污泵、生活泵房、机械停车电源为一级负荷，其余为三级负荷。

（2）采用 10kV 电源供电，从市电相关电源处引来两路 10kV 电源，一用一备，备用电源供应全部一级、二级负荷，另设柴油发电机组机作特别重要负荷备用电源，此柴油发电机与 C 楼共用，设在 C 楼地下室内，D 楼柴油机所供备用容量约 500kW。

（3）应急照明采用智能应急照明系统，集中设置备用电源。

（4）10kV 高压电源侧采用单母线分断的供电方式，低压部分变压器分列运行，两台变压器低压侧设母联，每台变压器能供应所有的一级、二级负荷。

（5）整座建筑物拟设两座变电所，办公按 80W/m² ，地下车库按 30W/m² 计算，总设备有功功率 8060kW，计算有功功率约为 6448kW，功率因数补偿后约为 0.95，视在容量约为 6787kVA，拟在地下一层总变电所设 4 台 1600kVA 干式变压器，在三十二层设一分变电所，内设 2 台 500kVA 干式变压器，变压器负荷率约为 83%。地下一层变电所高压柜采用手车式真空开关柜，三十二层避难层变电所高压柜选用环网柜，变压器拟选用 SG（B）11 型高效节能变压器，低压柜采用（GCS）型配电柜。

（6）变压器（变电所）设置在负荷中心，以减少低压侧线路长度，降低线路损耗；变压器采用 SG（B）11 型高效、节能、环保型产品；变压器接线采取 D，yn11 接线方式；光源采用 T5 型等绿色、高效、节能产品；灯具采用高效、节能型灯具；给水排水系统设备、电梯设备宜采用智能控制方式等节电措施；各单体建筑中的照明、动力分开计量，以便考核。

## 04/ 应用效果

该项目建筑设计顺应任务书的要求，结合办公建筑的使用特点，充分考虑周边商业的要求。经过多轮比较，根据现有基地的特点，形成了"十"字形内部布局，"王"字形走道。再在边上开办公入口，建筑功能布局实用合理。建筑周边开阔，车流方便，消防车行顺畅。基地开口按规定离城市道路交叉口 70m 之外。

沿规划道路设置车辆出入口，均处理成广场硬地，设置 6m 宽的消防车道，满足消防和车辆双向通行的要求。并结合道路设置一定数量的停车位和非机动车位。

实景鸟瞰图

项目透视图

项目建成实景

# 中交财富中心

## 01/ 项目概况

　　该项目位于石家庄中华大街以西、自强路以南，周边金融、文化、医疗、商业资源丰富，是着力打造的金融政务区的核心，拥有得天独厚的区位条件。

　　项目为商业金融用地。用地面积约 2.2 万 $m^2$，属于公共建筑，分为 T1、T2、T3 三栋 5A 甲级办公楼，3 栋外形统一的办公楼呈"品"字形布局，最高 24 层、114.6m，项目总建筑面积约 18 万 $m^2$。

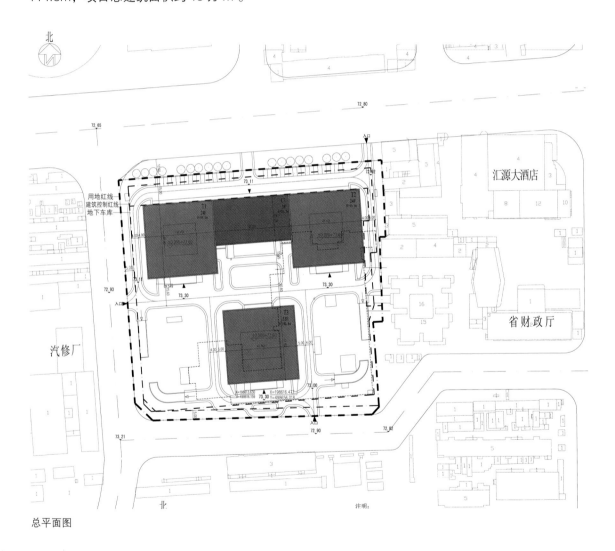

总平面图

鸟瞰效果图

## 02/ 创意构思

　　项目位于石家庄市中心，拥有得天独厚的区位优势，央企 CBD 概念的引入，使得整个区域拥有无限潜力与光明前景。但由于地块周边环境的限制，并没有直接通向主要干道的开口，基于分析，"能量聚集"最适用于此项目。同时，通过高度的控制将视线从主路引入地段，形成一个受到关注的高端办公组团，将中央商务区乃至整个城市的能量加以聚集并放大，为整个区域吸引更多的投资，并成为整个区域的商务中心，带动和提升周边的商业价值，为整个中央商务区带来一个更高的起点和开端，并将起到一个放大的示范作用。

项目夜景效果图

## 1."品"字形建筑群体设计，强化"能量聚集"

以建设高起点、高档次、高品位的5A级办公楼群为原则，3栋高层办公楼呈"品"字形排列。通过3栋高低不同的高层办公楼的规划设计，以及景观的呼应，地块形成一个紧密联系的整体。3栋办公楼风格统一，形成一个建筑群的概念。

"品"字形排列

## 2. 简洁、大气、恢弘、气度不凡的立面效果

以创造具有示范性、科学性、可持续发展的室内外空间环境、生态环境、人文环境为设计指导思想，并且力争在建筑形式、建筑技术及材料设备的使用上有所突破，追求强烈的视觉冲击，达到简洁、大气、恢弘和气度不凡的效果，给员工创造一个优质的工作和生活空间。

设计方案分别从实用率、立面周界、绿地景观、楼间距、视线阻挡、减少西晒、南向布置、广场空间、沿街视觉、规划统一性这些方面进行比选。

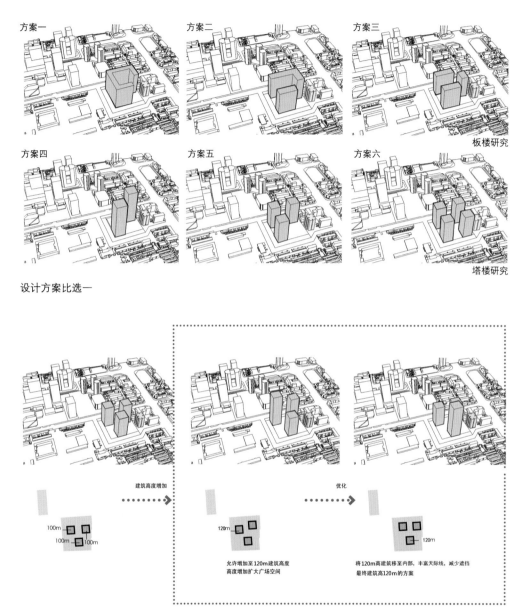

# 03/ 技术特点

## 1. 结构和材料

该工程抗震设防类别为丙类，抗震设防烈度为 7 度。其中 T3 办公楼，地上 28 层，高度 117.6m，在十二层和二十五层设置避难层，主楼结构形式均为框架 – 核心筒结构；存在如下几点超限情况：

（1）首层顶板大开洞，开洞面积大于 30%，属于楼板不连续。

（2）首层楼板大开洞导致首层局部外框柱成为穿层柱。

基于此，针对以上不规则情况采取措施并进行性能化设计。对首层顶板进行中震和大震下的应力分析；局部穿层柱按关键构件的性能化设计目标，中震时正截面不屈服，受剪弹性，大震时抗震承载力不屈服设计。

核心筒周边墙体厚度由底部 700mm 从下至上逐步均匀收进至

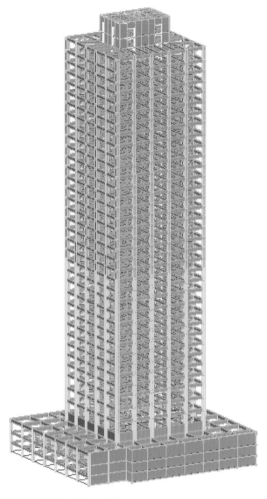

T3 办公楼整体模型三维图

顶部 400mm；筒内主要墙体厚度从下至上为 300mm。洞口竖向布置规则、连续、无交错。塔楼核心筒采用混凝土剪力墙结构。核心筒混凝土强度等级由 C55 逐渐过渡至 C40，在保证一定延性的前提下，提高了构件抗压、抗剪承载力，有效降低结构自重及地震质量。

在同一整体大面积基础上建有多栋高层和低层建筑，宜考虑上部结构、基础与地基的共同作用进行变形计算。

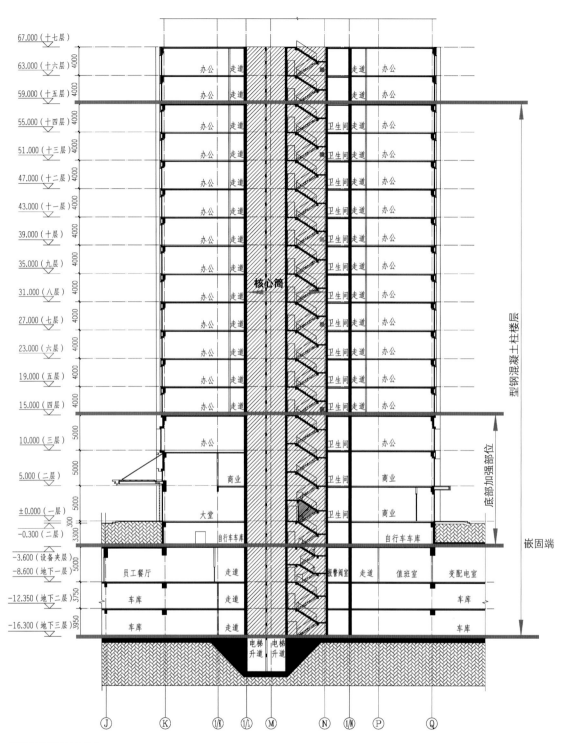

塔楼局部楼层剖面图

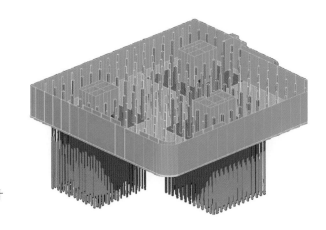

采用中国建筑科学研究院编制的计算软件 JCCAD——基础模型

现场施工照片

## 2. 机电设计

（1）空调系统采用冷水机组作冷源，市政热水作为热源。冷水机组提供5℃/12℃的冷水供低区空调用，经T3办公楼十二层避难层换热机。换热后，提供6℃/13℃的冷水供高区空调用。大堂、商业及餐厅等大空间采用低速全空气系统，过渡季全新风运行。办公区为新风加风机盘管系统，并设置相应的带热回收排风系统。经技术、经济比较后确定采用大、小机组配置方式，机组容量灵活调节，提升综合能源利用率；空调循环泵均采用变频调速水泵，提高输送能效；设置热回收系统，效率大于65%；过渡季部分区域采用自然通风，降低建筑通风系统运行能耗；空调机组采用降低 PM$_{2.5}$ 浓度的组段，提升房间空气质量。

（2）给水排水专业包括给水系统、排水系统、雨水系统、消火栓系统、自动喷水灭火系统、气体灭火系统及灭火器的配置。

给水系统分为 5 个区，地下三层至地下一层由城市自来水直接供水，首层至三十五层采用二次加压给水系统。其中，一～八层为 1 区，九～十六层为 2 区，十七～二十四层为 3 区，二十五～三十五层为 4 区，其中二十五～二十七层减压。T3 办公楼的二十五层设置中间传输给水泵房，冷却塔设于 T2 办公楼屋顶，补水水源为自来水，由变频泵输送至屋顶，补水水箱与消防水箱合用。消防贮水池、消防泵房、给水泵房、中水泵房均设置在地下车库。

室内消火栓系统采用临时高压制灭火系统，地下一层消防泵房内所设的低区消火栓加压泵，供给 T1、T2 办公楼地下三层至地上二十四层及 T3 办公楼地下三～地上十二层消防用水。高区消火栓传输泵供给 T3 办公楼十二层的消防输水箱。除小于 5m$^2$ 的卫生间、给水泵房、地下车库和电气用房外，其余部分均设自动喷水灭火系统。地下车库采用预作用喷水灭火系统。消防泵房内设置低区喷淋水泵 2 台、喷淋传输水泵 2 台、高区喷淋加压给水泵 2 台。

（3）在地下一层设置中心变配电室（1 号）1 处，其位置位于制冷站附近，为 T1，T2 办公楼、制冷站及一～三层商业供电；在 T3 办公楼地下一层设置分变配电室（2 号）1 处，此变配电室为 T3 办公楼、地下车库及地下站房供电。2 处变配电室均位于负荷中心，有效降低电量损耗，减少电缆使用量。此方案不但方便维护检修，减少大负载启动对其他负荷的影响，而且缩短低压供电距离，减少电缆用量和降低电能损耗。

（4）通过设置楼宇自控系统、安全防范（视频监控、电子巡更、出入口控制、入侵探测）系统、火灾自动报警系统、有线电视系统、综合布线系统、背景音乐等智能化系统，实现使用便利、安全、舒适、节能。智能化系统对各个子系统的信息进行综合管理，将建筑设备监控系统（包括空调、照明、水泵的控制等）、安全防范系统（包括视频监控、电子巡查、出入口控制、入侵探测等）、停车场管理系统、背影音乐系统，火灾自动报警系统（其中火灾自动报警系统仅监视，不控制）集成。对整体弱电系统进行优化管控，达到高效、经济、节能、协调的运行状态。并在各办公楼夹层内预留独立的弱电机房，屋顶预留卫星接收机房，为将来用户多样的需求提供基础条件。

变配电室位置示意

现场施工照片

## 04/ 应用效果

　　该项目在总体规划上不仅保持了与周围环境的和谐，还秉承绿色建筑的理念，达到了和谐、环保、自然、通风的效果。

　　此外，该项目还引入了多项高智能化节能系统，有效减少碳排放对环境带来的影响，大大降低了办公楼后期使用成本。在实现"双碳"目标的大背景下，体现了一个央企的社会责任感。

全景图

# 中国移动保定分公司项目

## 01/ 项目概况

中国移动保定分公司数据中心位于保定工业园区内，园区西侧紧临焦银路，南临复兴东路，地块面积 147.76 亩，净用地面积约 103 亩（道路红线内），园区规划建筑共 6 栋，分三期建设，总规模约 14 万 m²，一期工程包括已建成的两栋数据中心机房、两栋物流中心和一栋动力中心，二期工程为一栋生产调度用房，三期工程为一栋办公楼。

本次设计的中国移动保定分公司生产调度用房为中国移动（河北保定）数据中心二期建设项目，位于数据中心西南角地块，西侧邻焦银路，南侧为复兴路，总建筑面积约 3.94 万 m²，地上 15 层，地上建筑面积约 3.36 万 m²，主要功能为办公。地下 1 层，建筑面积约 0.58 万 m²，主要功能为车库、设备用房及人防工程。

该项目是集生产调度和维护支撑用房为一体的综合性智能化建筑。建成后的生产调度楼将成为一座体现中国移动保定分公司形象，具备现代气息的建筑物。

效果图

# 02/ 设计理念

通过地域文化和企业文化的结合,运用新颖的建筑材料,表现通信建筑的时代特征,基于城市的层面,各建筑单体的设计手法统一,运用相同或相似的设计元素,构成统一而富于韵律的城市界面,塑造出具有科技建筑特征,富于力量感与时代气息的建筑形式。

主楼直接落地,造型从功能出发,整体相对简洁,避免了无谓的非理性装饰。通过硬朗突出的竖向线条、趋于几何化的装饰线条,凸显建筑物的高耸、挺拔,给人以拔地而起、傲然屹立的印象。

建筑的外立面通过竖向线条模数化错落有致的变化,在各个角度立面都有虚实变化,视觉流畅。

立面设计取意于电子芯片:上部深色寓意芯片主体,首层排柱模拟芯片针脚,外形设计形象化地体现出内部功能,展现信息建筑的独特个性。

浅蓝灰色透明玻璃和浅灰色石材相互辉映,典雅纯净,富有现代气息。整个立面将竖向线条的造型特点发挥到极致,挺拔而不生硬,丰富而不琐碎,用最简洁的手法和最经济的造价,创造出丰富多变的造型与立面。

大尺度前广场突出主体建筑,烘托出主楼形象,完整的外部空间作为景观广场,具有弹性和应变性,充分考虑开发建设中的不确定因素,保证设计具有可操作性,做到经济效益、环境效益和社会效益的统一。

场地南侧大面积的绿化广场面向城市主干道,既隔绝噪声,也为办公环境创造了优美的景观视野,体现动静之分,优质的景观引导人流从入口前广场空间进入办公内部空间,硬质铺地和绿化广场的对比取得相得益彰的效果,同时点缀雕塑、水池与小品,丰富空间效果,提高室外环境品质,使其成为宜人的职工休闲场所,为园区工作人员创造了丰富的绿色活动空间。

在总体布局上,塔楼位于基地北侧,南北朝向,平面为东西向长、南北向短的长方形,内部的主要空间均为南北朝向,尽量利用自然采光,减少人工照明和冬季供暖耗能。

外立面效果图

实景照片

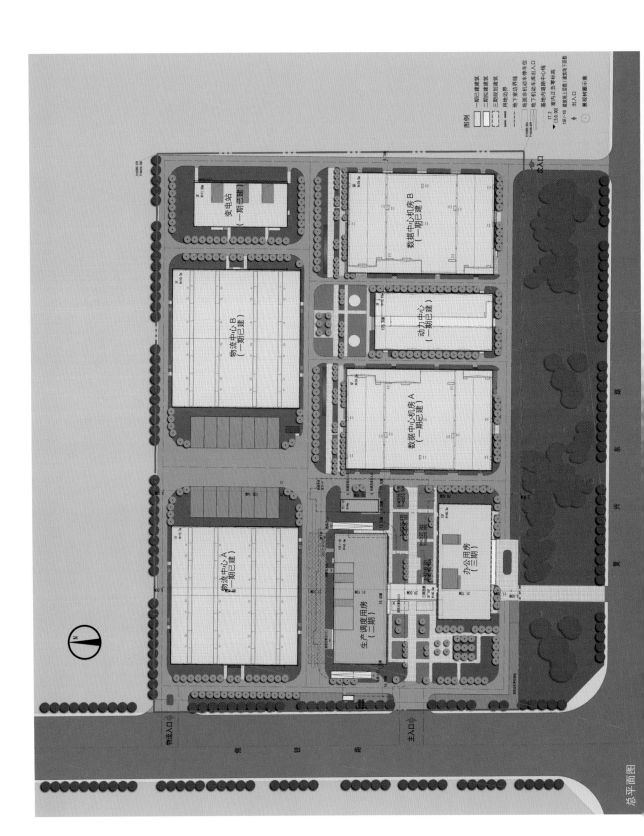

总平面图

夜景效果图

## 03/ 技术亮点

### 1. 结构和材料

该工程有两个单体建筑，分别为生产调度用房及地下机械车库。生产调度用房为地下 1 层，地上 15 层。地下机械车库地下 6 层，地上 1 层。

该工程抗震设防类别为标准设防，抗震设防烈度为 7 度，0.10g，第二组，结构安全等级为二级；建筑场地类别为 Ⅲ 类。生产调度用房结构形式为框架剪力墙结构，基础形式为筏板基础，地基为 CFG 复合地基；地下机械车库结构形式为框架剪力墙结构，基础形式为筏板基础，地基为天然地基。

生产调度用房建筑方案核心筒偏置，为保证位移比满足规范要求，多次比选剪力墙位置对位移比的影响，最终确定在不影响建筑功能的前提下最合理的剪力墙位置和厚度，且尽可能降低造价。生产调度用房中存在个别层有效楼板宽度小于典型宽度的50%，故此层相关位置楼板采用增大配筋率、增加楼板厚度等措施，且对楼板应力进行分析，保证楼板应力小于抗拉应力，并按弹性板复核相关区域梁配筋。生产调度用房中存在跃层柱，提高跃层柱的抗震等级及抗震构造措施，并通过做屈曲分析，复核跃层柱的计算长度系数，复核配筋，箍筋全长加密等措施以保证跃层柱安全。

## 2. 暖通空调

（1）二期工程的空调冷热源由一期水源热泵（一期数据中心设置 4 台 450 冷吨的水源热泵机组，每台制冷量 1432kW，供 / 回水温度为 7℃ /12℃；每台制热量 1840kW，供 / 回水温度为 45℃ /40℃）机组提供。备用热源预留市政热网条件。

（2）空调水系统采用两管制异程式系统，冷热水共用一套管路系统，冬夏季切换运行。工作压力 1MPa，水系统总阻力 203kPa。

（3）空调风系统以风机盘管加新风系统为主。新风系统每层独立设置空气处理机组。各空气处理机组为全热回收新风机组，其热回收效率不小于 60%。新风机组过渡季根据室内外温湿度参数调节水系统供冷供热状况。

## 3. 给水排水

（1）生活给水系统：生活给水用于生产调度用房内生活给水，平移式机械车库不设置给水系统。该工程生活给水系统分为 3 个区、共设 2 套变频加压供水设备：地下室～一层的生活给水由市政给水管直接供给；地上二～九层为加压供水一区，十层至顶层为加压给水二区，加压区采用水箱 + 变频泵供水方式。

（2）生活热水系统：仅十四、十五层淋浴区域设置生活热水系统，其余区域热水根据业主需要自理。十四、十五层淋浴室应单独设置水表计量。十四、十五层淋浴区每层各设置两个落地式容积式电热水器供热水，每个热水器带三个淋浴间。

（3）排水系统：室外采用雨污分流制排水系统，室内采用污废合流排水。首层及以上排水采用重力流。地下室污废水采用压力流，用潜水泵提升排至室外污水管网。生活污水经室外化粪池预处理后排入项目自建污水处理站。

（4）雨水系统：屋面采用 87 型雨水斗，屋面设计重现期采用 10 年，汇水时间采用 5min，设计中按照 50 年重现期校核雨水斗和雨水管。

（5）消防系统：按照一类高层建筑设计（建筑高度高于 50m），火灾次数为一次。消防系统设计内容包括：室外消火栓系统、室内消火栓系统、湿式及预作用自动喷水灭火系统、气体灭火系统、灭火器配置。

## 4. 电气及智能化

该项目电气及智能化设计内容：变供配电系统、动力配电系统、照明系统、消防应急照明及疏散指示系统、防雷接地及等电位联结系统。火灾自动报警系统、消防联动控制系统、背景音乐及紧急广播系统、消防直通对讲电话系统、电梯监视控制系统、火灾漏电报警系统、气体灭火系统、消防系统电源及接地。安全技术防范系统、有线电视系统、通信及网络系统、综合布线系统、建筑设备监控系统、智能化系统集成、无线通信信号放大系统。人防地下室电气设计，绿色建筑二星级电气设计等。

供配电系统设计：首层设置一个变配电室，内设两台 1600kVA 变压器，为本项目供电。

低压配电系统：采用单母线分段运行方式，中间设置联络开关。

消防控制室
（地下一层）

消防控制室
（首层）

变配电室
（首层）
2×1600kVA

变电所位置

# 欧菲光总部研发中心

## 01/ 项目概况

该项目位于深圳市光明区，光明高新技术产业园东片区内，北临光明大道、创投路，西靠龙大高速、凤举路，东侧与南侧由城市支路光源三路、光源二路形成围合，总用地面积 10891.65m²，地块属于城市新型产业用地，与地铁站观光站距离 1km 左右。地块总用地面积为 10891.65m²，计容积率建筑面积 70039.45m²，计规定容积面积 65350.00m²，总建筑面积 94004.65m²。

## 02/ 设计理念

该项目设计理念为"垂直森林，生态办公，高效实用"。

根据《光明新区上市企业总部园区详细蓝图》的规划，在地块的中部切出一条活力长廊，从基地的底层通过，净高 6m，中间掏空，做成一个大型的中心庭院，通过中心庭院这条主轴把前后绿地和公园连接起来，形成一个绿化活力通廊；沿东南侧及中心通道沿街布置商业，激活空间，使商业价值最大化；裙楼面向南侧公园做逐层退台，形成更为丰富的层次感。

为了尽可能减少相互干扰，将楼体布置在两端，距离较远，中间设置了中心庭院；为增加采光面和景观面，做成长方体；然后在每一层设置空中花园，两层通高，可以种植乔木，空中花园随层数形成阶梯状爬升，形成垂直花园，寓意"步步高升、积极向上"，到了顶部设置不同的退台，顶部也做成屋顶花园，最顶层还做了高达两层的方形室内种植花园。结合底层庭院、二层屋顶及垂直花园、顶层退台，形成了立体的绿化生态空间，创造了一个生态、高效的办公环境。

项目设计两座塔楼，一高一低，一大一小，功能形状互为呼应。二层通过平台连接，中间有净高 6m 的活力通廊。

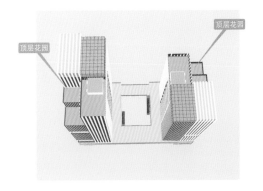

两栋大楼顶层均设置顶层花园，并有不同高度形成的退台，可以作为人们聚会、活动等休闲场所

屋顶花园分析图

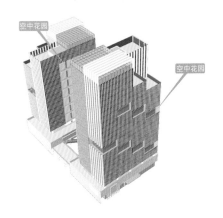

两栋大楼每层均设置空中花园，为工作人员提供一个工作放松，休闲娱乐及交流的空间。

外侧空中花园随层数变化呈阶梯状上升及旋转，内侧两栋大楼相对的空中花园每两层设一个。

空中花园分析图

整体鸟瞰景观图

## 1. 竖向交通

　　A 座采用的是高低区电梯布置方法，高、低区办公人员在一层进行分流，高区为十三～二十二层，低区为三～十二层架空层。B 座由于层数较低，只有 18 层，采用的是奇偶层电梯布置方法，不同楼层的办公人员也是在一层进行分流。首层与地下室之间设置专用的电梯联系，以提高地上塔楼电梯的运行效率。

## 2. 功能分区

　　一层塔楼的入口大堂采用了两层通高作法，扩大空间尺度，更显大气。一、二层裙楼主要设置了小型商业，在二层东南侧还设置了配套的物业管理用房，地下三层设置为地下车库及设备用房，提供 498 个车位。三层为架空层，设置了屋顶花园，四层以上部分为研发办公，每一层办公室设有空中花园。

## 3. 平面布置

标准层办公平面采用了合理进深，进深在 16 ~ 19m 之间，采光通风良好，平面方正，高效实用。另设空中花园，为工作人员提供了一个工作放松的空间。平面布局还采用了多样化的分隔，有大有小，可以适应不同的需求。

## 4. 应用效果

该项目位于深圳市光明新区（也是深圳市政府主导打造的科技新城），光明高新技术产业园东片区内，与市中心区形成 30min 交通圈，区域内享受光明中心区商圈和高新园区双重辐射，是欧菲光在深圳的总部研发中心。

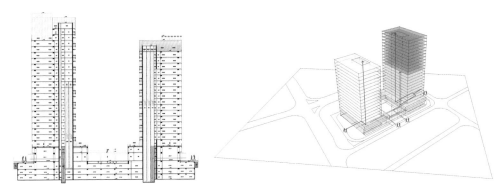

首层与地下室之间设置专用的电梯联系，以提高地上塔楼电梯的运行效率

竖向交通分析图

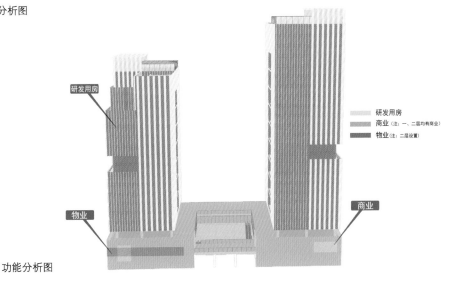

功能分析图

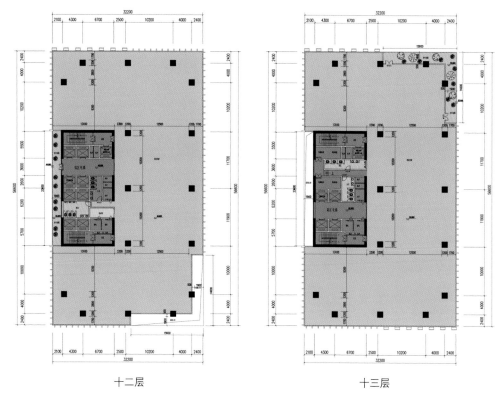

十二层　　　　　　　　　　　　　　　　十三层

标准层平面图

# 03/ 技术亮点

## 1. 结构和材料

　　该工程由地下室、A 座研发用房、B 座研发用房组成；其中，A 座研发用房共 22 层，总高度 94.6m，B 座研发用房共 18 层，总高度 77.6m；设计使用年限 50 年，抗震设防类别为丙类，建筑场地类别 II 类，建筑结构安全等级二级，抗震设防烈度为 7 度。研发用房均为框剪结构，结构抗震等级均为二级，地下室结构抗震等级：地下一层为二级，地下二层和地下三层为三级，基础采用钻孔灌注桩基础。

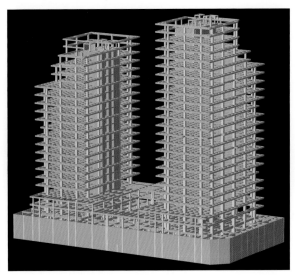

结构模型图

## 2. 暖通空调

根据建筑使用功能，结合当地气候特点和能源供给情况，经技术经济比较，采用风冷热泵型多联机 + 新风形式空调系统，用于夏季供冷。空调室外机安装在屋面及设备平台，室内机采用嵌入式暗装形式。分层设置吊顶式全热回收新风换气机组，回收排风的冷量，对新风进行降温后送入室内。

考虑各单体分散布置，采用了分散式多联机空调系统方案，其具有方便计量管理和部分区域加班使用适应性强的特点。室内机按房间朝向和使用功能进行系统划分，控制同一系统中室内机最大允许连接数量。尽量减小室内机供冷半径，冷媒管等效管长小于 70m，降低了制冷剂输配能量衰减，满足了制冷工况下满负荷性能系数大于 2.8 的技术要求。

## 3. 给水排水

该项目雨水外排采取总量控制措施，年径流控制总量控制率目标为 68%，因此其设计降雨量取 29.66mm。项目场地绿化主要为屋顶绿化、地面绿化及地下室顶板绿化，场地绿化面积较小，附近人流量极大，不宜做大量下凹式绿地，结合场地设置部分下凹式绿地，项目雨水径流大多通过设置雨水调蓄池来控制。

根据建筑设计情况，消防泵房及消防水池设置在地下二层汽车库内，有效容积576m³（分两格设置）；A座屋顶设36m³消防水箱，属临时高压给水系统。

根据建筑使用功能，进行了多种灭火系统全保护设计。消防水泵房内设有室内消火栓泵和喷淋泵均为一用一备，泡沫喷淋泵为两用一备；地上建筑加地下建筑总高度大于100m，故室内消火栓系统和自动喷水灭火系统均竖向分区设置；A座和B座高区消防系统相连且管网较多，为不影响业主使用，在三层架空层布置管道及消防设备；A座和B座一层大堂均为两层通高，设自动喷水灭火系统，采用标准覆盖面积快速响应洒水喷头，喷水强度12 L/（min·m²），流量系数$K \geq 115$，喷头布置间距小于等于3m；根据地方标准要求，在地下一层的充电停车位区域设置泡沫喷淋自动灭火系统，同时消火栓系统按照防火单元独立成环布置；地下室的高低压变配电房等电气用房设置七氟丙烷气体灭火系统，其具有良好的电气绝缘性；柴油发电机房内的储油间采用悬挂式超细干粉灭火系统。

## 4. 电气及智能化

采用一路20kV市政电源供电，市政电源由室外引入地下一层高低压变配电房。变配电房内设1台2000kVA干式变压器、2台2500kVA干式变压器。其中2000kVA变压器为地下室及地上公共用电、一、二层商铺用电供电；2台2500kVA变压器为四层及以上办公区域供电。柴油发电机房设于地下二层，内设1台600kW柴油发电机组作为市电停电及消防时的备用电源，地下三层人防区域电站内设一台150kW柴油发电机供战时用。柴油发电机电源与市电电源之间，除了电气联锁外，还设有机械联锁。柴油发电机应设置手动和自动启动装置，当采用自动启动方式时，应保证在30s内供电。

利用全部基础钢筋作为自然接地极，引下线与底板基础梁及基础内的钢筋焊接成电气通路。接地电阻应小于1Ω，以确保良好的接地效果。从室外配电箱（柜）引出的线路应穿金属导管，金属导管的一端应与配电箱（柜）外露可导电部分相连，另一端应与用电设备外露可导电部分及保护罩相连，并应就近与屋顶防雷装置相连，金属导管因连接设备而在中间断开时，应设跨接线，金属导管穿过防雷分区界面时，应在分区界面做等电位联结。屋顶冷却塔外壳也应与屋顶防雷装置相连，以防止雷击风险。

# 04/ 应用效果

沿凤举路白天透视图

沿创投路夜晚透视图

沿创投路白天透视图

# 四维图新合肥大厦

## 01/ 项目概况

    该项目是北京四维图新科技股份有限公司在合肥市高新区投资建设的第二总部，项目建设用地位于安徽省合肥市高新区技术产业园核心区域 KF7-11 地块内。项目建设用地面积 12027.42m²，总建筑面积为 48500m²，地上建筑面积为 32906.09m²，地下建筑面积为 15593.91m²，地上 20 层，地下 2 层，建筑规划高度主楼 85.9m、裙房 15.6m，容积率 2.80，建筑密度 29.28%。

    建筑主要功能包括：首层为办公、大堂、展厅和非机动车库，二层为办公及食堂，三层为办公和预留厨房，四~五层为预留数据机房，六层及以上标准层为办公空间。地下一层为汽车库、设备用房，地下二层为汽车库，其中，部分汽车库战时为二等人员掩蔽所。

# 02/ 设计理念

借互联网企业"共享 + 共生 + 共赢"的理念，依托建筑环境优质景观资源，打造"绿色 + 高效 + 生态"全生命使用周期的办公建筑。随着社会经济的发展，为了现代工作各方面的需求，办公空间的设计和服务功能的多样性成为当下的热点问题，在这个信息时代里，我们追求不断变化、不断提高、不断创新的办公建筑设计，以迎接新的时代挑战。

在空间上，建筑与周边环境的有机联系，结合实际使用功能和形象要求塑造新的城市节点景观。同时，各专业综合运用绿色建筑技术，使其与建筑有机的结合。建筑设计中，打破传统办公楼的市场形象和办公模式，形成开放、个性、共享的办公模式，秉承现代化、智能化、集约化和实用性的指导思想，坚持"以人为本"。在功能布局上采用模块化的设计手法，形成理性高效、分区明确的功能平面，流线互不交叉，不同性质功能之间保持相对独立性。

效果图

项目地块呈"L"形,建筑与场地现状呼应,周边办公集群,生产生活便利,适宜开发建设。地块周边建筑均呈东西长、南北短的形态,以获得最好的采光与景观视野,该项目所建建筑亦是如此布局,使城市肌理更和谐。裙房大堂面向十字路口,留出足够的开敞空间,消隐压迫感,以获得良好的空间感受。建筑南向面向湖景,为建筑本身带来良好的景观视野。

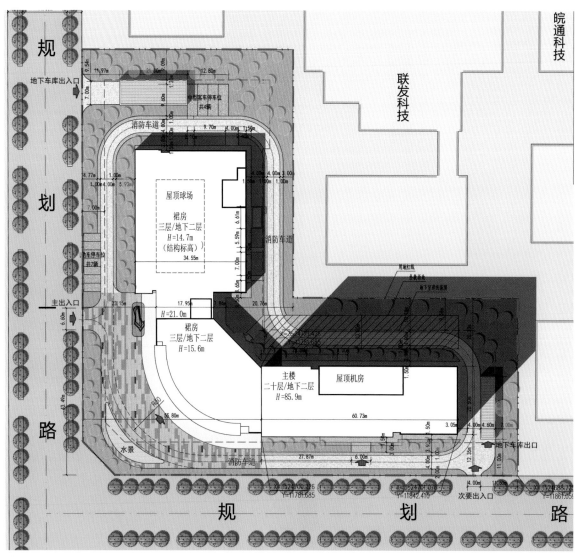

总平面图

功能分区示意图

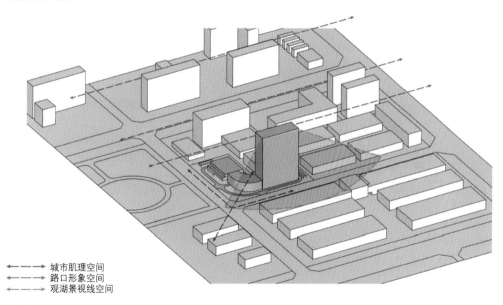

←––––→ 城市肌理空间
←––––→ 路口形象空间
←––––→ 观湖景视线空间

空间布局图

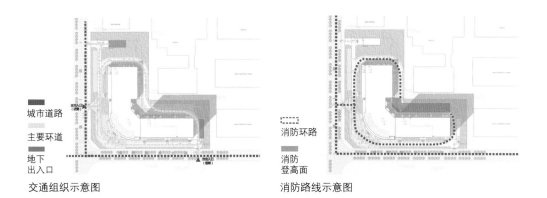

城市道路
主要环道
地下
出入口

交通组织示意图

消防环路

消防
登高面

消防路线示意图

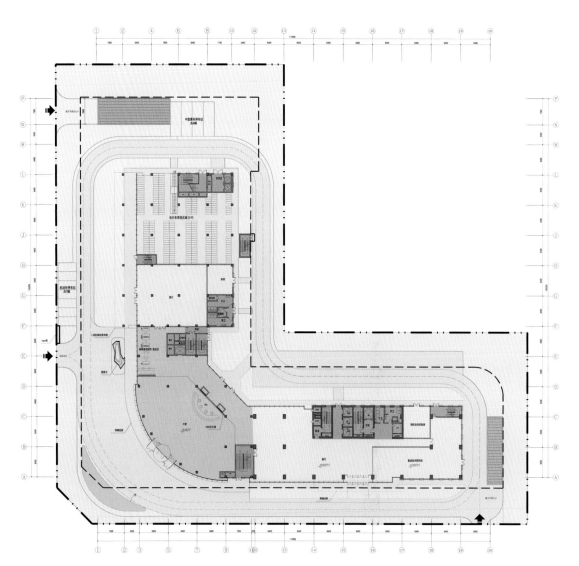

首层平面图

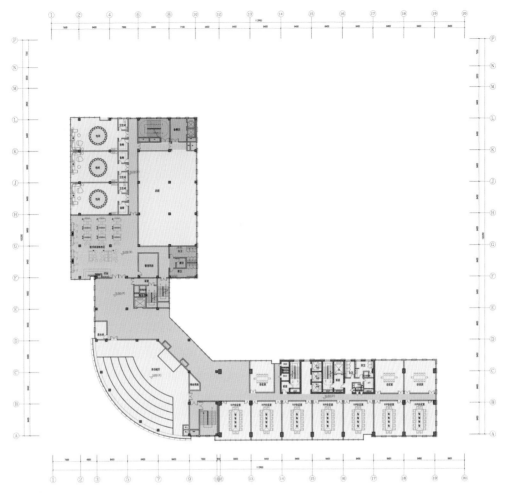

三层平面图

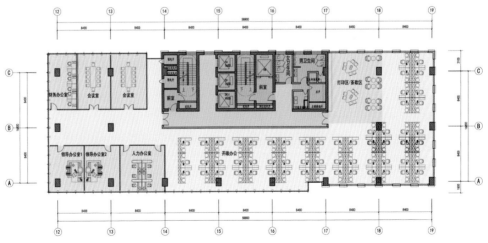

标准层平面图

# 03/ 技术亮点

## 1. 结构和材料

### （1）工程概况

项目建筑平面形状呈"L"形。地下部分共两层，使用功能为汽车库（部分战时为二等人员掩蔽所）、设备机房和后勤辅助用房，地上建筑按抗震缝划分为裙房和主楼两部分。北侧裙房建筑规划高度15.6m，分为3层，一～三层主要区域用作展示展厅、多功能厅、会议接待、餐饮休闲等辅助功能；南侧主楼建筑规划高度85.9m，20层，层高4m，为研发、生产、办公等主要用途的办公楼；两部分建筑三层以下部分通过裙房的弧形功能区相连通。

### （2）结构体系和设计参数

1）依据建筑平面功能需求，由主楼区、裙房区以及纯地下室三部分组成大底盘结构。为主楼和裙房形成较规则的抗侧力结构独立单元，结合建筑场地抗震设防烈度、单元结构刚度和质量、结构单元的高度和高差以及可能的地震扭转效应的情况，在11轴和12轴地上部分设置抗震缝，其两侧的地上结构完全分开，并留有足够的宽度；抗震缝兼有伸缩缝功能。

2）主体结构设计使用年限为50年，结构安全等级为二级，按照建筑使用功能抗震设防为标准设防类，按照地勘报告，抗震设防烈度7度、第一组、Ⅱ类场地。

主楼采用现浇框架－抗震墙结构体系，楼盖形式为现浇钢筋混凝土梁板结构；房屋结构抗震等级：框架二级、剪力墙一级。

裙房采用钢筋混凝土框架结构体系，楼盖形式为现浇钢筋混凝土梁板结构；首层入口大堂二层上空，楼板开大洞，为平面楼板不连续；区域地下一层受建筑车道布置影响，车库顶部位设置三根转换柱(在正负零设有转换梁)；房屋结构抗震等级：框架三级。

### （3）结构模型分析

地上结构扭转位移比最大值为1.26，因此在扭转不规则、竖向构件不连续、楼板开大洞等方面存在抗震性能超限的情况。针对工程特点对裙房部分构件进行性能化设计。

### （4）设计技术措施

对裙房部分进行时程分析，按时程分析结果，加大了裙房的地震力，并按此对裙房结构进行性能化设计，按计算结果进行钢筋配置。

1）转换层柱、梁进行中震不屈服计算。转换梁周圈楼板加厚到 250mm，板配筋率按不小于 0.25% 进行设计。

2）大洞口周圈柱、梁按中震不屈服计算并加强钢筋配置。

3）大洞口周圈一跨楼板加厚到 180mm，板配筋率按不小于 0.25% 进行设计。

（5）材料选用

项目整体建筑形象简洁，具有科技感，立面形式统一而又各有特色；建筑形象整体现代，虚实结合，丰富立面样式，立面上采用玻璃和石材的结合，视觉上形成厚重和轻盈的强烈对比，干练的线条和清晰的体块咬合形成简洁大气的城市形象。

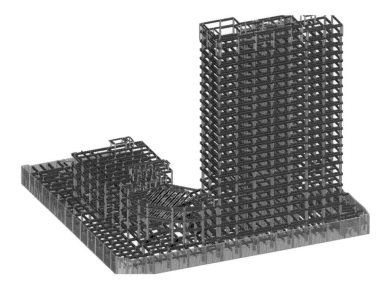

整体结构计算模型

## 2. 暖通空调

该项目均采用多联机空调系统，多功能厅设置多联机室内机＋新风系统，新风机为全热交换器。大堂设置一次回风全空气系统，组合式空调机组独立处理新、回风；风机均设变频器，在部分负荷时，变风量节能运行，

空调系统设 1 个墙壁型 $CO_2$ 传感器，设在室内靠近回风口处，对室内 $CO_2$ 浓度水平进行监控，并与空调通风系统的控制联动，根据浓度信号对新风比调节。全空气系统可达最大总新风比为 70%，在过渡季可加大新风量节能运行；气流组织采用下送

侧回，送风口采用自动温控型可调风口，自动调节送风角度或送风速度，以满足冬夏季不同的要求。

## 3. 给水排水

（1）该项目为科研办公项目，数据中心消防设计为该项目设计重点，采用七氟丙烷气体灭火系统。

（2）管线综合净高需满足自动驾驶汽车的净高要求。

（3）生活用水为自来水，一路 DN200 给水管满足用户用水需求。低区城镇供水管网直接供水。中、高区加压供水，采用数字全变频恒压供水设备供水并设置消毒设备，保证用水安全；分功能及业态设水表分级计量。科研办公热水、饮水系统采用电热水器。厨房及健身房采用无动力太阳能热水系统，并配置消毒设施保证用水安全。采用污、废水分流制排水系统，设置专用通气立管。屋面雨水系统采用 87 斗系统，设计重现期 10 年。场地雨水设计重现期 3 年。

（4）该项目按一次火灾进行消防系统设计。室外消火栓系统由室外消防水池直供。室内消火栓系统及自动喷淋灭火系统采用临时高压消防系统。不宜用水灭火的区域采用七氟丙烷气体灭火系统。

（5）系统无超压出流现象，用水点供水压力不大于 0.20MPa，超出 0.2MPa 的配水支管设减压阀，且不小于用水器具要求的最低工作压力。

## 4. 电气及智能化

根据企业经营的特殊性需求，项目设计有为汽车服务的实验区域、区域数据机房中心；内部设置的车辆网企业经营用数据中心机房，负荷等级高，考虑经营需求，供电变压器容量、UPS 及柴油发电机均按 2A 考虑。

**（1）供配电系统设计**

1）地下设置一处总变配电室，数据机房层设置有数据机房配套的专用变配电室，以减少配电线缆的长度及电压损失，减少电能的损耗，减少投资及满足绿色节能的要求。

2）除一级负荷中特别重要负荷及一级负荷设备供电采用末端互投外，为节省造价，二级负荷并未像常规设计那样做末端互投，而是在变配电室的低压侧互投，既满足了规范的要求，也满足了使用要求。

3）电气机房的精细化设计，考虑降低工程造价及减少地下室的面积，为数据中心配套的柴油发电机设置在室外首层，母线通过电缆沟敷设至建筑物内。

**（2）智能化系统**

1）弱电智能化系统仅按常规办公楼项目配置。

2）与汽车无人驾驶技术及数据存储的相关智能化系统由业主另行委托设计。

变配电室分布图

# 04/ 应用效果

项目工程建设总投资约 2 亿元，其中工程直接投资约 1.5 亿元，间接投资约 0.5 亿元。在城市设计理念的前提下，力求提升区域人文精神凝聚社会与自然活力，展现时代生活理念，在保证投资回报的同时创造具有时代感建筑。

目前项目虽未竣工，但是在城市化、市场化、国际化的大背景下，大楼建成后可以满足四维图新企业发展人才瓶颈需求，也可聚集带动城市经济发展，实现合肥城市结构升级，产业转换和功能提升。

在建现场照片

效果图

# 中科曙光全球研发总部基地

## 01/ 项目概况

　　该项目位于山东省青岛市崂山区株洲路 88 号，为崂山区高科技企业聚集的核心地带，是青岛市蓝色硅谷科技创新产业的重要基建载体。所在整体区段是一个集智能、绿色为一体，独具特色的国际化精品示范区，是山东半岛乃至全国最具竞争力的高科技园区。崂山区政务服务中心等多个政府部门、著名企业已经入驻本区段。

　　该项目占地面积 2.0 万 m²，总建筑面积 6.7 万 m²，其中地上建筑面积 4.2 万 m²，地下建筑 2.5 万 m²。建筑功能包括办公、电子产品生产厂房、地下车库、设备用房等辅助用房。地上建筑包括一座高层办公楼及裙房、一座三层的工业厂房、一座单层超算用房"硅立方"，地下用房两层，含各类设备用房、员工食堂、机动车库等。

# 02/ 创意构思

## 1. 设计理念——打造超算数据科技领域的"海洋之石"

延续曙光独有的精益求精、追求卓越的企业精神和现代、简洁、洗练建筑风格，将海洋中的海石和海浪作为建筑设计出发点，导入"海之石"的设计理念——晶莹剔透、坚毅挺拔、自然生长、海纳百川，采用材质的虚实对比、体块的切割、表皮的渐变来丰富建筑形体风格，营造一个具有现代感的产业创新中心——自然、时尚、独特而充满前卫气息，缔造崂山区乃至青岛市极具影响力的地标性研发总部基地。

模拟海浪表皮，彰显建筑的自然、时尚、独特而前卫的气息：

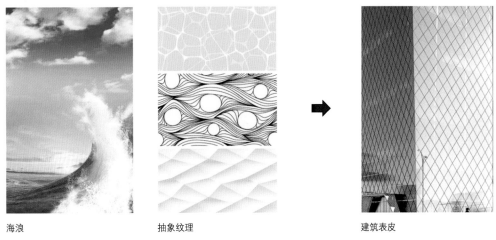

海浪

抽象纹理

建筑表皮

仿生参数化设计

通过分析全国各地的中科曙光生产研发基地项目，方案设计方提供了"适生设计"的理念，即强调建筑地域性，结合产业特色、地域特色分析得出"唯一适合"的理念。青岛中科曙光立足于现代化山海品质城市，先进计算、人工智能、大数据等产品硬件与研发的产业需求，通过简洁的建筑体量、灵活的大空间来打造建筑形象。建筑整体造型立意于"海洋之石"，结合超算服务器、数据中心等的生产和空间要求，打造一个先进、靓丽的城市建筑形象。根据业主对办公、生产、展示、硅立方等的需求量，分别布置高层塔楼、裙房厂房及连接体单层的创新中心。把中科曙光的明星产品硅立方置于建筑群体之前、场地入口位置，通透的玻璃盒子形象延续了全国各地硅立方的特色。硅立方是中科曙光世界领先的超算液冷计算机设备用房，是整个项目的技术创新核心和形象的核心。

高层塔楼的平面呈不规则的五边形，三面垂直、两面由下至上逐层收进，其中最大的一个垂直面正对株洲路和新鹏路交叉口，最大限度地展示给城市一个完整面、连续面。三层的裙房厂房切割更加多样，形成多个不规则的三角形切面，不同程度地反射着光线和周边环境，宛如切割的钻石。建筑表面采用菱形分格的玻璃幕墙，与周边建筑相比，幕墙更加通透、菱形分格独具特色。整体建筑群高低错落、疏密有致，宛如大自然浑然天成的宝藏。

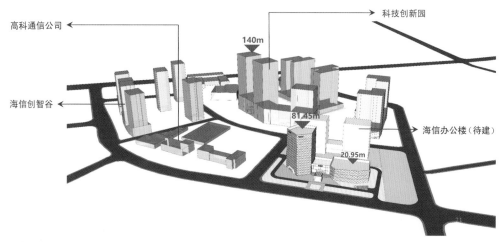

区域空间形态分析

设计理念效果图

## 2. 场地和建筑——开放共享广场和现代简洁科技地标

该项目场地北临新鹏路，南临公交场站用地，西临株洲路，东临海信创智谷用地。项目沿用地周边设置环形道路，通过三个出入口与城市道路连接。沿株洲路相邻公交场站一侧设置机动车出入口，主要出入货运车辆，通过此出入口，货运车辆直达三层厂房东侧的卸货场地，不影响场地内的其他使用功能。沿株洲路的场地中心正对硅立方的位置设置行人出入口，向株洲路交通流展现硅立方的形象。沿新鹏路临海信创智谷用地一侧设置机动车出入口，中小型车辆主要通过该口进出。地块内共设计停车位510个，两个地下车库坡道分别临近株洲路、新鹏路的场地出入口。货运、办公车辆、行人出入流线分明，使用便捷且最大化利于城市交通。项目场地内的环形道路满足消防车道、消防扑救场地的要求。

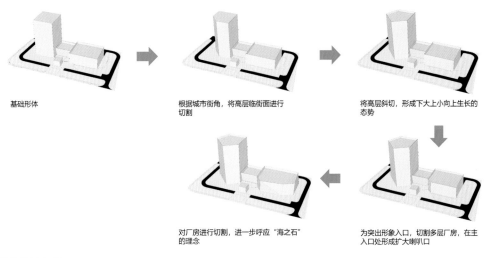

基础形体

根据城市街角，将高层临街面进行切割

将高层斜切，形成下大上小向上生长的态势

对厂房进行切割，进一步呼应"海之石"的理念

为突出形象入口，切割多层厂房，在主入口处形成扩大喇叭口

建筑体量生成

分析周边场地的建筑群体高低布置，把高层塔楼位于两条市政街道交叉一侧，让城市道路两侧的形象错落有致、富于节奏、统一均衡。周边建筑多采用玻璃幕墙的表面形式，形体多矩形和流线形。该项目用切割的形体、更加通透的菱形分格幕墙来呼应周边。

高层塔楼和三层裙房之间的连接体——创新中心的屋顶设置上人屋顶花园，为绿色城市添加一抹空中的颜色。

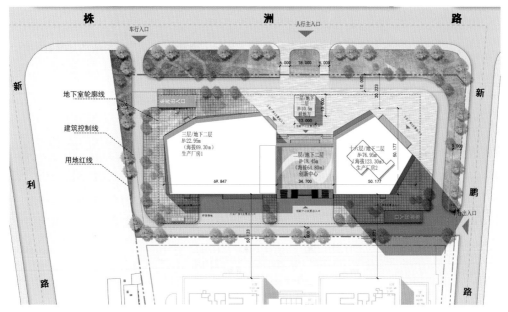

规划总平面图

# 03/ 技术亮点

## 1. 功能和造型给结构带来的挑战

分析对比了钢结构和钢筋混凝土结构的优劣，采用钢筋混凝土框架结构，塔楼部分为框架核心筒。结构设计上具有以下几个特点：

（1）结构荷载大。根据工业生产和电子网络研发办公的需求，普通办公的楼面均布活荷载取 3.0 kN/m²，工业厂房的均布活荷载取 10.0 kN/m²，硅立方及其辅助用房的楼板均布活荷载取 20.0 kN/m²。

（2）塔楼、创新中心的跨度大。塔楼的跨度逐层变化，平均跨度 11m，最大跨度 13m。创新中心跨度 24.3m。

（3）切割形体形成不规则的板边和悬挑。

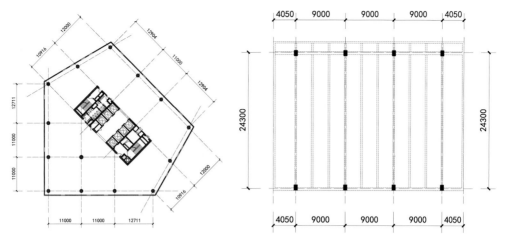

结构平面图

## 2. 暖通空调

该项目冷源分为高温冷源、低温冷源、应急冷源。高温冷源采用2台闭式冷却塔。低温冷源设2台螺杆式冷水机组配两台板式换热器、3台离心式冷水机组。冷却塔采用4台横流开式冷却塔。应急冷源为地下一层蓄冷罐。供暖热源为燃气锅炉，设换热站进行换热。

空调水系统分为冷水系统与冷却水系统。冷水系统采用一次泵变流量系统。冷却水供回水管环状布置，各组冷却塔互为备用。

生产厂房2、地下餐厅采用风机盘管加新风，创新中心采用一次回风全空气定风量系统，工业厂房1采用全空气空调系统。

采用的重要措施有：（1）新风设置排风热回收。（2）创新中心采用旋流送风和低温地面热水辐射系统。（3）空气处理机组均配有表冷器加热器，板式粗效袋式中效过滤器、湿膜加湿器等。（4）配置空调自动控制系统，既可独立运行又提供网络接口，供其他平台接入。

## 3. 给水排水系统

该工程为高层丙类厂房，用地内设置环状给水管网。生活给水采用分区供水，冷却塔等部位设置补水系统。地下一层设消防水泵房，水池的有效容积576m³。屋顶设置36m³高位消防水箱。室外设置4个室外消火栓和水泵接合器。室内设置自动喷水灭火系统、消火栓系统、管网式气体灭火系统。自动喷水灭火系统按照中危险II级设计，地下一层采用预作用系统，其他部分均采用湿式系统。自动喷淋采用减压阀分区供水。气体灭火系统采用预制有管网和柜式无管网七氟丙烷灭火系统。

污、废水合流，首层及以上排水采用重力自流；地下室污废水排放由潜水排污泵提升排出，厨房设隔油提升设备。塔楼屋面采用重力流多斗雨水排放系统；三层裙房采用虹吸雨水系统和溢流管系统。

建筑物雨水和场地雨水均汇入雨水管网有组织排入市政雨水管。室外场地的绿地设置植草沟、下凹式绿地。

## 4. 电气及智能化系统

该工程的用电需求大，供电中心位于地下一层中心部位，变配电室满足目前使用需求，同时预留了一定空间，满足未来数据中心功能增加情况下的用电需求。在地下一层毗邻硅立方地下用房设置高压直转机房，满足超算设备直流电需求。地下一层为超算中心配置UPS电源。考虑到数据中心的建设需求，在室外绿地和三层裙房的屋顶预留柴油发电机安装条件和输电路由。在地下一层临近外墙位置设置弱电机房，在三层裙房首层设置消防安防控制中心。建筑防雷结合幕墙系统设置。高层塔楼的中部及顶部设置航空障碍灯。

该项目的控制系统包括：应急照明、备用照明、安全疏散指示、火灾自动报警和应急广播系统等。建筑智能化的设

鸟瞰效果图

计范围包括：通信系统及综合布线系统、有线电视系统、安全技术防范系统、停车库管理系统、广播 / 扩声系统、建筑设备监控系统、电梯监控系统、智能化集成系统。

## 04/ 应用效果

这座包含国际高新技术象征——超级计算内芯的靓丽水晶会成为崂山区的又一道城市风景。此外，搭载计算机生产线的厂房，将源源不断地为这座海滨城市添加科技源泉，为国家超算数据领域贡献力量！

# 山西河津市政务中心和市委党校建设项目

## 01/ 项目概况

河津市政务服务中心位于万春街以东、耿都大道以北、支七街以西,河津市中医院正北侧,市委党校位于万春街以东、耿都大道以北、支七街以西,中医院东北侧,两地块均位于耿都大道以北,分别位于万春街东、西两侧,隔街相望。现地块方正平整,周边配套设施完善。

其中:政务服务中心占地面积 50405.62m²,地上建筑面积 28507.94m²,地下建筑面积 17630.59m²。

市委党校占地 30267.57m²,总建筑面积 23041.52m²。

## 02/ 设计理念

河津地处黄河和汾河交汇处,地理位置优越,是门户之城、滨河之城、历史文化名城。基地位于河津的东北,后面是高山,前面是黄河,是一个容易产生思想文化交融的地方。因此,我们想要设计一个中式与现代两种不同风格的融合。

政务服务中心采用现代风格,而市委党校更重要的是庄严、稳重,采用中式风格为主。政务服务中心以一个半圆形的造型为主,以中心"自由之舟"为主体,两边分别以两个形如"火焰",又如船上的帆,引领"自由之舟"乘风破浪,继续前进,寓意着河津人民在党和政府的带领下走向繁荣富强。

市委党校采用中式现代的风格。首先,采用中国传统古建院落空间的布局,通过组合、叠加、变异再重组,与现代建筑多种功能进行结合,实现了"以人为本"的设计思想。

通过将宿舍与会议中心、党校拉开,创造了大型的运动场地,两侧有带景致的庭院,也有半开敞半围合的广场空间,达到了中国古代建筑与现代建筑共同追求的"通"与"透"的空间品质。

政务服务中心与市委党校,两种不同风格的建筑,一方一弧,形成了强烈的对比,体现了既要继承和发扬传统文化,又要在现代的潮流中锐意创新。

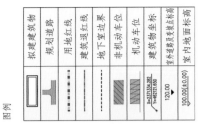

图例

| | 拟建建筑物 |
| | 规划道路 |
| | 用地红线 |
| | 建筑退红线 |
| | 地下室边界 |
| | 非机动车位 |
| | 机动车位 |
| X=237134.282 Y=46721.650 | 建筑物坐标 |
| 120.00 | 室外道路及竖点标高 |
| 100.00(±0.00) | 室内地面标高 |

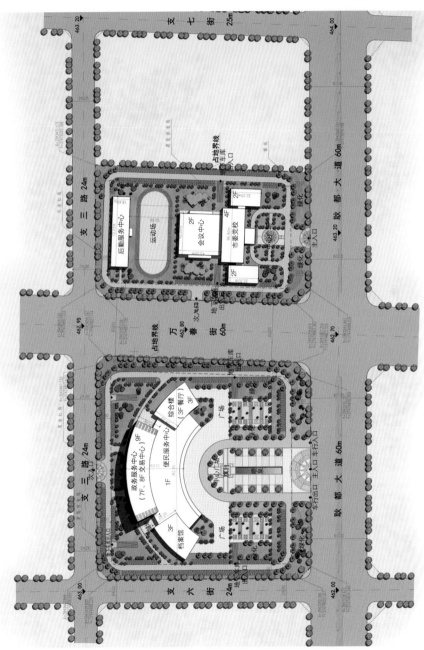

总平面图

政务服务中心效果图

市委党校效果图

政务中心总体布局：政务服务中心以市民和企业为服务对象，对外要形成开放空间，而其功能相对集中，形成"一站式"服务。

市委党校总体布局：市委党校是培训党政人才的基地，以四合院的布局为原型，再把空间重新组合变化，将一些健身活动空间打开，但通过连廊把不同功能空间连接起来，形成连续空间，步移景异。

# 03/ 技术亮点

## 1. 结构和材料

### （1）市委党校

该工程设计使用年限 50 年，抗震设防类别为丙类，建筑场地类别为 III 类，建筑结构安全等级为二级，抗震设防烈度为 7 度（0.15g）。综合教学楼及会议中心、后勤服务中心均为框剪结构，剪力墙结构抗震等级为三级，框架结构抗震等级为四级，地基采用 CFG 桩复合地基，基础采用独立基础。其中，综合教学楼及会议中心共 4 层，总高度为 21m，后勤服务中心共 4 层，总高度为 18.15m。

会议中心屋面为网架结构，采用正放四角锥网架，采用螺栓球节点，局部为焊接球，平面形状为矩形，平面尺寸为 42m×43.9m，网架矢高 2500mm，下弦柱点支承。

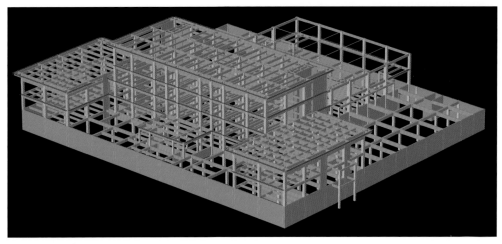

综合教学楼及会议中心

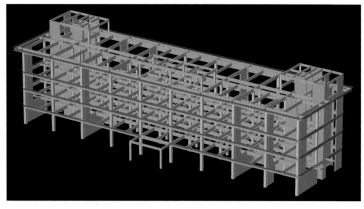

后勤服务中心

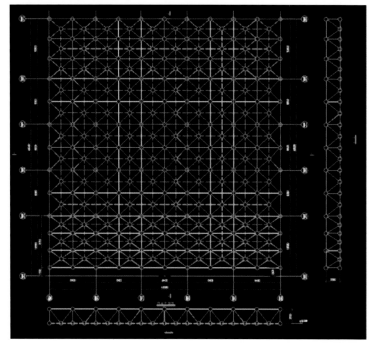

网架平面图

（2）政务服务中心

该工程设计使用年限 50 年，抗震设防类别为丙类，建筑场地类别 III 类，建筑结构安全等级二级，抗震设防烈度为 7 度（0.15$g$）。结构类型为框剪结构，剪力墙结构抗震等级为二级，框架结构抗震等级为三级，地基采用 CFG 桩复合地基，基础采用独立基础。政务服务中心共 9 层，总高度为 39.15m。

地下室顶板采用加腋大板，其特点是受力的合理性、施工的便捷性、车库空间观感舒畅以及经济技术指标的优越性。

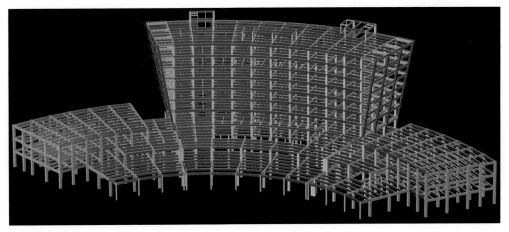

政务服务中心

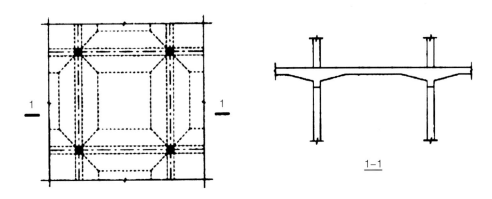

加腋大板

## 2. 暖通空调

### （1）市委党校

由 1 栋会议中心、1 栋多层后勤服务中心及一层地下室组成，会议中心风冷热泵型多联机＋新风形式空调系统，用于夏季供冷和冬季供热。空调室外机安装在屋面及设备平台，室内机嵌入式暗装。分层设置吊顶式全热回收新风换气机组，回收排风的冷量，对新风进行降温后送入室内。阶梯报告厅采用直膨机组进行夏季制冷与冬季供暖。

供暖热媒由场区换热站提供 45℃ /35℃的低温热水。室内（除阶梯报告厅）采用低温热水地板辐射供暖系统，阶梯报告厅采用空调供暖＋低温散热器值班供暖供热系统。

采用下供下回、异程式供暖系统。

**（2）政务服务中心**

由 1 栋高层行政办公楼及两侧 4 层裙房组成，根据建筑使用功能，结合当地气候特点和能源供给情况，经技术经济比较，采用风冷热泵型多联机 + 新风空调系统，用于夏季供冷和冬季供热。空调室外机安装在屋面，室内机嵌入式暗装。分层设置吊顶式全热回收新风换气机组，回收排风的热量或冷量，对新风进行加热或降温后送入室内。地下室数据中心机房采用直膨机组进行夏季制冷。档案库房采用恒温恒湿空调机组，待条件确定后由专业厂家深化设计。

供暖热媒由场区换热站提供 45℃/35℃ 的低温热水。室内（除水箱间）采用低温热水地板辐射供暖系统，水箱间采用低温散热器供暖系统。

采用下供下回、异程式供暖系统。

## 3. 给水排水

**（1）市委党校**

结合规划设计，合理规划地面与屋面雨水径流，对场地雨水外排总量进行控制，减少场地对外排水量，场地内设有大面积的地面绿化，防止径流外排到其他区域形成水涝与污染。

根据建筑设计情况，消防泵房及消防水池设置在地下一层车库内，有效容积 980m³（分两格设置）；后勤服务中心的屋顶设 18m³ 消防水箱，属临时高压给水系统。

根据建筑使用功能，进行了多种自动灭火系统全保护设计。消防水泵房内设有室内消火栓泵和喷淋泵，均为一用一备，雨淋泵和水幕泵均为两用一备，以保证消防系统用水量；千人报告厅内的舞台区域及舞台口设有防火水幕分隔系统和雨淋系统，以实现防火分隔及及时灭火作用，观众席上方设水喷淋系统；地下室的高低压变配电房等电气用房、党史展厅和计算机房设置七氟丙烷气体灭火系统，七氟丙烷具有良好的电气绝缘性，同时保证区域内洁净环保；柴油发电机房内的储油间采用悬挂式超细干粉灭火系统。

**（2）政务服务中心**

根据建筑设计情况，消防泵房及消防水池设置在地下一层车库内，有效容积 990m³（分两格设置）；屋顶设 36m³ 消防水箱，属临时高压给水系统。

根据建筑使用功能，进行了多种灭火系统全保护设计。消防水泵房内设有室内消火栓泵和喷淋泵各两台，均为一用一备；便民服务窗口为两层通高，设自动喷水灭火系统，采用标准覆盖面积快速响应洒水喷头，喷水强度 12 L/（min·m²），流量系数

$K \geqslant 115$，喷头布置间距小于等于 3m；地下室的高低压变配电房等电气用房、大数据机房的电子机房和档案库房设置七氟丙烷气体灭火系统，七氟丙烷具有良好的电气绝缘性，同时保证区域内洁净环保；柴油发电机房内的储油间采用悬挂式超细干粉灭火系统。

## 4. 电气及智能化

### （1）市委党校

采用一路 10kV 电源供电，室外铠式电缆直埋敷设至高低压变配电房。高、低压变配电房设于地下一层，共设置 2 台 800kVA 干式变压器，两台变压器同时工作，互为备用，当一台变压器不能正常供电时，另一台变压器为全部一、二级负荷临时供电。且在变配电室临近设置一座柴油发电机房，内设一台 360kW 发电机组作为市电停电以及消防时的备用电源。在电缆布线方面，普通电缆与消防应急电源电缆采用分设桥架的方式。电缆桥架穿越防火分区时，应采取防火封堵措施。同时，电缆井、管道井在每层楼板处采用不低于楼板耐火极限的不燃材料或防火封堵材料封堵。

根据建筑物的尺寸和特点，经过计算得出年预计雷击次数 $N$=0.1326 次 /a，由于该项目为人员密集的公共建筑，属于二类防雷建筑物。在屋面女儿墙、楼梯间和水箱间顶上采用避雷带及支架的布置方式，避雷带之间采用避雷网格连接，避雷带与引下线、出屋面的金属物进行可靠连接。引下线利用建筑物结构柱内的主筋，并与接地装置可靠焊接，以确保防雷接地装置上下贯通。

### （2）政务服务中心

采用一路 10kV 电源供电，从市政 10kV 环网电源引至地下一层高压公共开关房，总计算负荷约 1238kW、视在容量约 1516kVA。

在地下室一层设配电房一座，配电房内设 2 台 1600kVA 变压器为整个项目供电，在发电机房设一台常载 512kW 柴油发电机组作为市电停电及消防时备用电源，柴油发电机电源与市电电源之间除了电气联锁外，还应有机械联锁。

低压配电系统接地形式采用 TN-S 系统，其中 PE 线与 N 线在变配电所电力系统接地点处分开之后严禁再次连接。同时，实施了总等电位联结，在一定程度上可降低建筑物内间接接触电击的接触电压和不同金属部件间的电位差，并消除了自建筑物外经电气线路和金属管道引入的危险故障电压的危害，总等电位联结通过装设在变配电室内的总等电位端子板，将配电柜内的 PE 母排、进出建筑物的金属管道、便于利用的钢筋混凝土结构中的钢筋等可靠联结。

# 04/ 应用效果

政务服务中心夜景图

市委党校白天透视图（沿万春街）

政务中心主入口（建设中）

市委党校主入口

# 慧聪互联网产业基地（慧聪大厦）建设工程项目

## 01/ 项目概况

　　该项目位于北京市昌平区南部，史各庄街道，西邻朱辛庄三号路，南临朱辛庄中路，距北京市中心 23.75km，在未来科学城西区规划范围内，地块处于市区（海淀）与昌平城区之间，具有独特的区域优势，方便往来北京城区及昌平城区。

　　项目建设用地面积为 12501.50m²，总建筑面积为 60600.27m²，其中地上面积为 37505m²，地下建筑面积为 23095.27m²，地上 15 层，地下 3 层，建筑最大高度为 59.90m，容积率 3，建筑密度 33.18%。

　　建筑主要功能包括办公、商业、配套食堂、设备用房、非机动车停车库、汽车库、人防工程以及室外公共绿地等配套设施。定位为高端办公建筑，结合商业等业态形式，与

户外大面积景观绿化有机结合，形成多功能现代化办公区，力求打造城市未来主流方式的悠闲型办公场所。

## 02/ 设计理念

项目规划设计充分利用地块周边资源，旨在为用户创造一个布局合理、配套齐全、环境优美的办公环境，将社会效益、经济效益、环境效益充分结合。形成具有自身特色的建筑群体形象，充分体现人与自然和谐共处的思想。

依托基地优美的自然生态环境，合理利用土地和空间，力求打造未来 10 年主流方式的悠闲型办公场所，缔造"高品质科技办公"的魅力空间。

项目贯彻"以人为本"的思想，强调人居环境与建筑的共存与融合，营造健康的人居环境，同时以更好的空间结构理念，更多景观层次，更精细的立面效果，打造高品质、现代化、科技化的商业办公区，为城市形象做出全新的贡献。

效果图

项目用地趋近矩形，东西向尺寸开阔，整个地块的功能规划和空间分区明确，建筑布局舒朗，流线清晰，将主入口设置在朱辛庄二号路，东西两侧分别设置地库车行入口、车行出口，南向开放绿地内设置两个地下车库出入口，使整体布局合理统一。

建筑整体由两座 15 层办公主楼及 2 层商业裙房组成，建筑最大高度为 59.90m，主体建筑更偏向北侧布置，强调空间利用最大化，可与朱辛庄中路间形成大面积景观绿化，充分提高空间使用效率。用地北侧为规划公园绿地，呼应建筑使用人群在视觉感官上的联系，打造天然的绿色健康的办公环境。

建筑地下二层、地下三层为地下汽车库，地下一层为设备机房区、商业配套和配套食堂，地下局部夹层为非机动停车库，首层及二层为裙房商业及主楼办公入口大堂，三～十五层均为办公空间。东西向两座主楼分设两个核心筒，将地下停车场、商业、办公等串联起来，便捷高效。

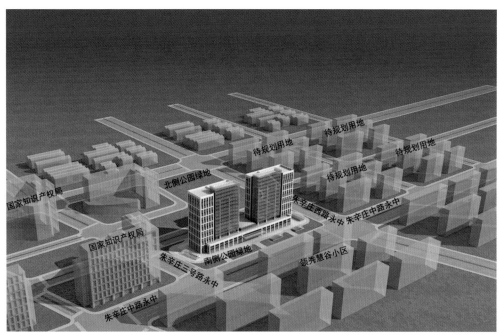

场地周边关系示意图

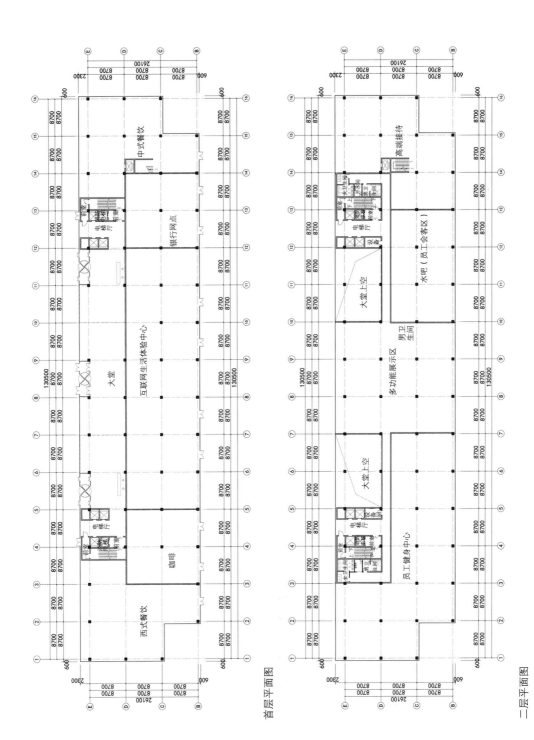

首层平面图

二层平面图

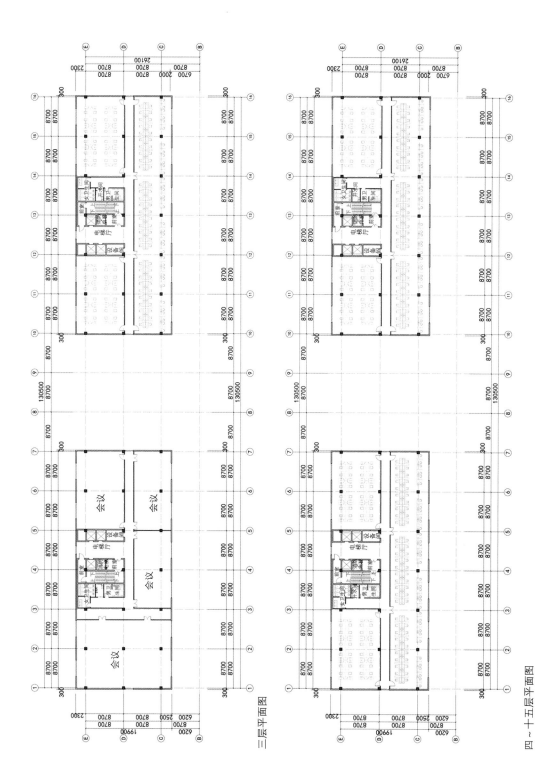

三层平面图

四～十五层平面图

# 03/ 技术亮点

## 1. 结构和材料

### （1）结构体系和设计参数

主体结构形式采用现浇钢筋混凝土框架 – 剪力墙结构，楼盖采用现浇钢筋混凝土梁板结构。

依据建筑平面功能需求，东西向两座主楼分设两个楼电梯形成的交通核。按交通核布置的剪力墙偏置建筑物一侧，为增强结构抗扭刚度，在框架角部设置 L 形剪力墙，以提高结构抗扭能力，满足扭转周期与平动周期的比值。

工程设计使用年限为 50 年，结构安全等级为二级，抗震设防为标准设防类、设防烈度 8 度、第二组、Ⅲ 类场地。抗震等级：框架二级、剪力墙一级。地基基础设计等级：甲级，建筑桩基设计等级：甲级。

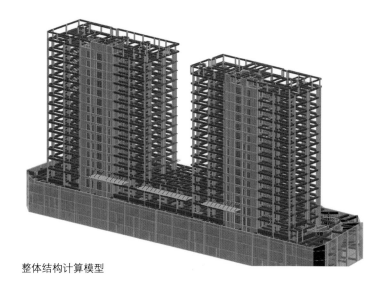

整体结构计算模型

### （2）设计技术措施

1）建筑把电梯和楼梯布置在建筑北侧中部，结构在电梯井和楼梯间布置剪力墙，其他部位由于立面和平面要求，只能在南部两个角设置 L 形剪力墙，造成结构抗扭刚度偏弱。为增加抗扭刚度，同时增加建筑使用净高，中间框架梁采用了 550mm×650mm 的宽梁，周圈采用 400mm×800mm 的高梁，同时加厚了南部角部 L 形剪力墙厚度，提高了整个结构的抗扭刚度，有效解决了剪力墙偏置问题，取得很好的效果。

2）部分不落地框架转换梁柱、部分抗震墙体为减小构件截面，采用C60混凝土设计。

3）纯地下室区域抗浮能力不足，设置直径 $\phi$600mm 的抗拔桩。

### （3）立面材料

建筑立面采用局部干挂石材与玻璃幕墙相结合的方式，有机组织形体关系与体块之间的细节处理，中部玻璃幕墙的使用更使得项目辨识度与地标感强烈，外观风格与周边建筑相得益彰，整体呼应。

## 2. 暖通空调

空调冷源采用水冷冷水机组，采用2台离心式冷水机组和1台螺杆式冷水机组，2大1小配置；空调热源采用真空燃气锅炉。办公、商铺、超市分别设置计量装置单独计量，以方便后期招商及运营管理。

空调机组、新风机组为两管制系统；空调冷水采用变流量的一次泵系统。冷水供/回水温度7℃/12℃。由锅炉房提供60℃/45℃的空调热水，空调热水采用变流量的一次泵系统，接至制冷机房内分集水器后供给整个楼栋。考虑到该项目地上办公区域及首两层商铺将来招商时可能会有不同分割情况，此部分均采用两管制风机盘管＋新风系统。地下一层超市、食堂为大空间区域，采用一次回风全空气系统。

## 3. 给水排水

（1）给水系统：办公、配套商业、超市等系统分开设置，分功能及业态设水表分级计量并尽量设置在公共区，便于管理。

（2）生活用水为自来水，一路 DN200 给水管满足用户用水需求。低区城镇供水管网直接供水。中、高区加压供水，采用数字全变频恒压供水设备供水并设置消毒设备，保证用水安全。热水、饮水系统由租户自备。污、废水分流制排水系统，设置专用通气立管。屋面雨水系统采用87斗系统，设计重现期10年。场地雨水设计重现期3年。

该项目按一次火灾进行消防系统设计，室外消火栓系统由室外消防水池直供，室内消火栓系统及自动喷淋灭火系统采用临时高压消防系统，不宜用水灭火的区域采用七氟丙烷气体灭火系统。

（3）中水采用市政中水管网，中水供水协议由甲方提供。低区由市政中水供，高区采用合理加压供水，并设置水箱储水，保障运营，采用恒压数字变频供水泵供水。

（4）系统无超压出流现象，用水点供水压力不大于 0.20MPa，超出 0.2MPa 的配水支管设减压阀，且不小于用水器具要求的最低工作压力。

## 4. 电气及智能化

项目方案采用双子座的设计理念，方案设计阶段业主提出两座塔楼根据使用单位不同、用电计量分开单独设置变配电室的想法，经多方论证并进行经济对比，最终确定两座塔楼共用一处变配电室，在低压侧设置计量表对不同单位用电进行低压计量的供电方式。

### （1）变配电室设计

1）主配电室设置在地下一层，考虑季节性负荷，制冷机房处单独设置制冷机房变配电室。

2）制冷机房变配电室变压器在非制冷季断电，减少变压器的能耗。

3）合理布置变压器，高、低配电柜，便于管理和维护，避免机房面积的浪费。

### （2）低压配电设计

结合用电设备的用电特点，合理选择供电方式（放射式、树干式或链式供电），保证用电系统使用安全、供电可靠、经济合理。

### （3）节能设计

1）灯具均选用高效节能的 LED 灯具，各房间或场所的照明功率密度值不高于《建筑照明设计标准》GB 50034—2013 规定的目标值。

2）具有天然采光的公共区域，其照明采用声控、光控、定时控制、感应控制等一种或多种集成的控制装置。

3）低压交流电动机选用高效能电动机，其能效符合现行国家标准《电动机能效限定值及能效等级》GB 18613 节能评价值 2 级的规定。

4）选用节能电气产品，同时电梯选用具有节能拖动及节能控制方式的设备。

5）污水泵采用液位控制方式，并设置建筑设备监控系统，实现设备的自动调节及控制，使电动机工作在经济运行范围内；电梯采用群控功能，扶梯采用自动启停等节能控制方式。

6）照明动力等设置分项计量并设置水热表计量远传系统。

主变配电室

制冷机房
变配电室

制冷机房

变配电室位置

# 04/ 应用效果

　　该项目为慧聪集团有限公司建设于昌平区的办公总部大楼，总投资约 9 亿元，依托昌平新区良好发展趋势，致力打造集合商业功能、亲民服务于一体的，可为整个昌平区提供良好消费和高端办公的城市标志建筑。

　　该项目的建设有利于进一步改善城市环境，提升区域投资价值，激活该区域的经济活力，加快经济发展，用互联网和数据赋能传统产业。

　　慧聪大厦作为一座现代化的办公场所，秉承合理的功能布置、简洁的立面形式，追求展现现代办公建筑应有的高效与理性，推崇功能、空间、环境之间的关系更加一体化、环境融合、可持续化的建筑理念，兼顾现代感与亲和气质所能呈现出令人信服和愉悦的形式，创建一个与城市共生的公共空间。

建筑夜景效果图

建筑白日效果图

# 罗湖区笋岗街道城建梅园片区城市更新（标段三）

## 01/ 项目概况

该项目位于红岭北路及泥岗路交界处，地处罗湖区与福田区交界地带。项目区位优势明显，对外交通便利。项目临近地铁7、9号线枢纽站红岭北站，局部位于其500m辐射范围内，拥有便捷的轨道交通出行条件。

该项目由三个地块组成，总用地面积40347.1m²，计容建筑面积约462350m²。笔者完成施工图设计的01～05地块，用地性质为二类居住用地、商业用地，总用地面积为11479.34m²，建筑容积率≤10，计容总建筑面积约119625.48m²。项目规划为两栋建筑，1栋建筑包括裙楼商业，A座住宅，B座保障房，以及裙楼公共配套。2栋为独立占地的12班幼儿园。

## 02/ 设计理念

项目所在笋岗片区周边现状业态以仓储租赁和专业市场服务为主，主要产业类型包括大型物流、家具建材、制造品批发和汽修制造等。目前，该片区作为再造新罗湖5大旧改片区的重点区域，已吸引招商蛇口、深业、华润、城建、中建投、中洲、物资、宝能等大品牌开发商入驻，规划新增总建面约350万m²。

项目以南为多个城市更新新建项目，包括广田集团大厦、招商中环（招商开元中心）、深业泰富广场和宝能中心＋六金广场等，未来将极大提升片区产业、完善城市功能、改善空间品质。

整个项目定位为"深圳创新金融和科技总部基地"，与深圳三大金融总部集聚区共同形成各有侧重、突出特色、互补发展格局，与周边产业园项目联动发展，助力红岭创新金融产业带打造世界级金融街，助力罗湖区现代生态体系构建，探索深圳市金融、科技创新的新型发展道路。

01～05地块为两栋建筑，分为住宅、商业、幼儿园、公共配套几大功能。1栋A座超高层为住宅功能，首层层高6m，标准层层高3.15m，建筑高度193.75m，共54层。住宅大堂设置于场地北侧，通过规划三路进入内部道路到达，保证居住人群的私密性和便利性。A座标准层面积约为995.52m²，每座塔楼设置一处候梯厅和4部电梯，除裙

项目总平面

整体效果图

楼商业以外层层到达，服务于住宅各层。

　　1栋B座超高层建筑为保障房，首层层高6m，标准层层高3m，建筑高度156.60m，共44层。保障房大堂设置于场地西北侧，通过规划三路到达，保证居住人群到达的便利性。保障房标准层面积约为695.78m²，每层设置两处候梯厅，北侧电梯厅设置3部电梯，南侧电梯厅设置2部电梯，商业位于场地西南侧，通过规划三路和田笋路直接进入。

　　裙楼商业裙楼首层6.6m，二～六层5.4m，七～八层4.5m，建筑高度43.60m，共8层。商业裙房与01-03地块商业通过跨街商业和地下商业联系，平面采用以多层中庭为中心的围合式布局，引导市民进入内部空间。

　　2栋12班幼儿园布置在地块东南侧，幼儿园独立占地，建筑面积约3600m²。一～三层层高4.2m，建筑高度为16.15m，共3层。幼儿园布局充分考虑为活动空间引入日照。同时，设置中庭空间，以保证各功能房间的采光与通风。

01～05地块超高层立面图

# 03/ 技术亮点

## 1. 结构和材料

1 栋 A 座住宅和 1 栋 B 座保障房均采用部分框支剪力墙结构体系，以地下室顶板作为结构计算嵌固端。该工程的抗震设计采用基于性能的设计方法，根据该工程的设防烈度、场地条件、房屋高度、不规则的部位和程度，抗震性能目标定位为 C 级。

### （1）结构超限情况

1 栋 A 座：塔楼为超 B 级高度，高度超限；1a 塔楼存在扭转不规则，2a 塔楼平面存在凹凸尺寸大于相应边长 30%，4a 塔楼 8 层存在侧向刚度突变，4b 存在多塔，5 塔楼第十层楼面为转换层、竖向构件不连续、高位转换，4 项不规则项（4a、4b 不重复计算不规则项）；

1 栋 B 座：塔楼为超 B 级高度，高度超限；1a 塔楼存在扭转不规则，4b 存在多塔，5 塔楼第 10 层楼面为转换层、竖向构件不连续、高位转换，3 项不规则项。

### （2）高位转换

为了满足商业裙房的使用功能，住宅和保障房在第十层楼面进行结构转换，为高位转换。高位转换是 01-05 地块结构施工图需要解决的重难点。

高位转换在水平荷载作用下，易使框支剪力墙结构在转换层附近的刚度、内力发生显著突变，转换层下部的落地剪力墙及框支结构易于开裂和屈服，转换层上部几层墙体易于破坏。为确保高位转换结构的抗震设计安全，对高位转换层结构竖向规则性、框支柱和框支梁的中震性能、落地剪力墙承担剪力占比、高阶振型对高位转换结构的影响等进行了专项分析，主要结果和控制的参数如下：

1）转换层下部结构与上部结构的等效侧向刚度比大于 0.8，满足规范要求；

2）转换层层间位移角满足广东省《高层建筑混凝土结构技术规程》DBJ/T 15-92-2013[①] 限值的要求；

3）转换层与上一层层间位移角比均不大于 1.0，转换层及其附近楼层的水平位移变化较均匀，并未产生位移突变；

4）转换层侧向刚度比不满足《建筑抗震设计规范（2016 年版）》GB 50011-2010 第 3.4.3 条规定，为结构软弱层，需对该层对应于地震作用标准值的剪力乘以 1.25 的增大系数；

---

① 该标准为项目建设时的现行标准。

5）当考虑层高对楼层刚度的影响时，转换层侧向刚度比满足广东省《高层建筑混凝土结构技术规程》DBJ/T 15-92-2013[①] 第3.5.2条的规定；

6）转换层与上一层的抗剪承载力之比满足广东省《高层建筑混凝土结构技术规程》DBJ/T 15-92-2013[②] 第3.5.3条的要求；

7）大震下转换层楼板加厚以满足拉压不屈服、满足抗剪截面的性能目标；

8）框支层及以下的落地剪力墙数量合理、能承担一定地震剪力，对结构整体的侧向位移、抗剪承载力控制起到显著的效果；避免了下部框支层设计为少墙框架，能有效成为下部框支结构的第一道防线；

9）进行CQC计算时，取用90个振型，这样能包络住小震弹性时程计算平均值的内力，能充分考虑高阶振型的不利影响，能满足工程需要。

（3）C级性能目标

小震作用下满足第1抗震性能水准，结构在地震后完好无损，不需要修理即可继续使用；中震作用下满足第3抗震性能水准，结构轻度损坏；关键构件斜截面抗剪、正截面抗弯保持弹性，普通竖向构件斜截面抗剪弹性、正截面抗弯不屈服。允许部分框架梁、剪力墙连梁等耗能构件正截面进入屈服状态，但斜截面仍保持不屈服状态，一般修理后可继续使用；大震作用下满足第4抗震性能水准，结构发生中度损坏，关键构件正截面抗弯和斜截面抗剪不屈服，普通竖向构件允许部分抗弯屈服，满足抗剪截面要求，达到中度损坏，多数耗能构件中度损坏，有明显的裂缝，部分耗能构件严重损坏，但整个结构不倒塌，也不发生局部倒塌，修复或加固后可继续使用。

## 2. 暖通空调

该工程商业冷源采用两台650冷吨低压离心式冷水机组及一台350冷吨低压螺杆式冷水机组，冷水输配系统采用变流量一次泵系统。每组泵配设一台备用水泵。泵组采用多泵并联变频控制技术，每台水泵设置变频器，根据末端负荷变化引起的温差或压差变化，结合水泵曲线及效率曲线实时确定水泵组运行状态，以达到冷水输送节能效果。住宅、幼儿园等变制冷剂流量多联机系统冷媒选用环保冷媒R410A。

末端冷量调节方式：空调机组、新风机组的出水管上均安装电动比例积分调节阀，通过改变水流量来控制所设定的送风温度。风机盘管表冷器出水管上均安装电动两通

---

① 该标准为项目建设时的现行标准。
② 该标准为项目建设时的现行标准。

阀，室内安装恒温器带风机三速开关，通过三速开关调节风机转速来调节风机盘制冷量。

水力平衡方法：每层商业区域供新风机组和空调机组的水管与供风机盘管的水管分别设置。供租户风机盘管的水平干管设置由供回水温差控制的电动调节阀及静态平衡阀，AHU、PAU设备回水管设置静态平衡阀及比例积分条件阀。

### 3. 给水排水

#### （1）给排水设计

1）该项目水源为市政自来水，分别从泥岗东路及宝安北路现有的市政给水管网上各引入一根 DN250 给水管，经水表后在项目内呈环状布置，供生活及消防给水，市政给水压力 0.25MPa。

2）商业用水和住宅、保障房用水分开计量，商业和住宅、保障房生活水箱分开设置，01 地块和 03 地块商业加压部分（包括空调补水加压）给水储存于本地块商业水箱及泵房内，住宅及保障房水箱设置于地下三层生活泵房内，商业深化水箱设置于也设置在地下三层商业生活水泵房内，商业冷却塔补水和商业生活水箱合用，水泵分开设置。

3）生活给水竖向分为 6 个区。地下五~地上一层为 1 区，由市政供水，二~九层为 2 区，由设置在地下三层的商业生活水箱及变频泵供水；十~二十一层为 3 区，由设置在九层的生活水箱及变频泵供水；二十二~三十三层为 4 区，由设置在九层的生活水箱及变频泵供水；三十四~四十四层为 5 区，由九层的生活水箱及变频泵供水；四十五~五十四层为 6 区，由九层的生活水箱及变频泵供水。

4）所有生活水泵采用恒压变频水泵，每台水泵设置一个变频器，通过压力传感器控制水泵启动及调速，生活水泵泵组不设置辅助泵。

5）九层屋顶景观给水由 01 地块海绵城市雨水收集池处理后的雨水回用供水。

6）绿化灌溉采用喷灌、微灌、滴灌等高效节水灌溉方式。

7）各种用水均设置水表分别进行计量，水表抄表方式采用远传智能抄表系统。

8）充分利用市政水压，对供水水压超出 0.2MPa 的楼层采用减压阀限流措施，严格控制用水点的水压，设计时解决管网压力过高、流速过大问题，从源头上杜绝水资源浪费。

9）水泵基础设隔振垫进行隔振，水泵进出水管加可挠曲橡胶接头防振。水泵房内的各种管道均采用防振型吊架和支架。

10）采用节水型卫生洁具和设备、公共卫生间采用感应式水嘴、感应式小便器冲洗阀和蹲式大便器采用脚踏式冲洗阀。

11）汽车库冲洗、绿化浇灌采用市政供水系统，并采取用水安全保护措施，且不对人体健康和周围环境产生不良影响。不得装设取水龙头，当装有取水接口时，必须采取严格的防止误饮、误用的措施。

12）生活给水管材主管采用 316 不锈钢管材，支管采用 PPR 给水管材，采用性能高的阀门、零泄漏阀门。在冲洗排水阀、通气阀等阀前增设软密封闭阀等措施。

13）生活排水采用污废合流、雨污分流制，生活污水设化粪池预处理，公共餐厅厨房含油污水设隔油池处理，隔油池设置于地下隔油间，通过机械隔油后排入室外污水井。

14）商业裙房屋面九层及五层屋面、二层城市走道雨水斗采用虹吸式雨水斗。

15）住宅及保障房生活污废水立管采用柔性机制铸铁排水管，卡箍连接，裙房采用普通 UPVC 排水管，住宅及保障房雨水管采用钢塑复合管。

16）建筑物内部的生活污废水由管道汇集后排入化粪池，经处理后排入市政污水管网。餐饮厨房废水经地下室一体化隔油池处理后排入室外污水管网再接入化粪池排至市政污水管网，在地下室隔油间内设置除臭装置。

17）在本地块设置下沉式绿地及透水铺装，雨水渗透沟等增加雨水渗透的措施，降低地表径流，满足海绵城市要求。

（2）消防设计

1）本地块和 03 地块合用消防水池，消防水池储存 03 地块消防用水量，消防水池取 2 个地块消防水量最大值计算。

2）室外消防用水设计流量为 40L/s，火灾延续时间 3h，室内消防设计流量为 40L/s，火灾延续时间 3h，自动喷淋灭火系统设计流量为 80L/s，火灾延续时间 1.5h，本地块消防水池设置于地下二层，消防水池不储存室外消防用水量，03 地块最大消防用水量为 648m³，05 地块消防用水量为 612m³，消防水池取 648m³。

3）室外消防采用常高压给水系统，由市政给水管引入 2 路 DN200 进水管在室外呈环状布置，在换上设置室外消火栓，室外消防用水 432m³，由市政供水。

4）室内消防给水采用临时高压 + 转输水箱串连供水系统，在地下二层设置一座消防水泵房。泵房内设置一座有效容积为 648m³ 的室内消防水池，并设置一套室内消火栓泵组（Q=40L/s，H=115m）和一套自动喷淋泵组（Q=40L/s，H=125m）及一套转输水泵组（Q=50L/s，H=180m）；在二十六层避难层设置高位消防泵房，内设转输水箱 60m³ 一座，一套高位室内消火栓泵组（Q=20L/s，H=150m）和一套高位自动喷淋泵组（$Q$=30L/s，$H$=155m）；在屋顶设置一座有效容积为 100m³ 的消防水箱，设置一套加压稳压设备，以满足项目最不利处喷头的最低工作压力和喷水强度。

5）室内消火栓给水系统竖向分为 4 个区。地下五～地上九层为 1 区，由地下室消火栓泵供水；十～二十五层为 2 区，由二十六层避难层室消火栓泵减压供水；二十六～四十一层为 3 区，由二十六层避难层室消火栓泵减压供水；四十二～五十四层为 4 区，由二十六层避难层室消火栓加压供水。

6）在地下室车库、超市、商业、住宅、保障房以及除不能用水扑救的地方外设置湿式自动喷水灭火系统。

7）车库充电桩采用泡沫 – 湿式自动喷水灭火系统，为低倍数泡沫系统，水成膜泡沫液，泡沫混合液供给强度 8L/（min·m²），比例混合器采用 PHYM0/76 型比例混合器，混合器作用范围 0 ～ 76L/s，混合液应在 8 ～ 75L/s 范围内达到额定的混合比，系统作用面积 465m²，泡沫混合液连续工水时间 10min，泡沫混合液与水的连续供给时间之和不小于 90min，泡沫液混合比 6%。火灾延续时间 1.5h。

8）自动喷水灭火系统给水系统竖向分为 4 个区。地下五～地上九层为 1 区，由地下室喷淋泵供水；十～二十五层为 2 区，由二十六层避难层室消火栓泵减压供水；二十六～四十一层为 3 区，由二十六层避难层室消火栓泵减压供水；四十二～五十四层为 4 区，由二十六层避难层室消火栓泵减压供水。

**（3）设计过程中的问题**

1）由于该项目的超高层建筑，各专业管线比较多，在设计过程中根据 BIM 的反馈意见，各专业交叉问题比较严重，通过 BIM 的运用，协调各专业之间的避让，在现实过程中达到非常好的应用。

2）在住宅标准层，根据甲方装修意见，尽量保证装修后净高达到 2.6m 的要求，户内设备管线基本上穿梁处理，尽量把层高加高，方便后期业主使用。在设计过程中，穿梁套管根据各专业管线布置，统一开洞处理，集中预埋套管就开口。

3）由于避难层管线比较多，在二十六层设置有消防转输泵房及水箱，本层面积有限，层高有限，给设计工作造成很多困难。在设计过程中，综合考虑建筑条件，在楼梯至泵房的走道区域做降板处理，管线在降板内敷设，减少梁底的管道。

4）根据实际现场反馈的意见，住宅水井管道比较多，出入水井的管线也比较多。在设计过程中预埋穿梁套管，有部分管道在梁内设置有钢板梁，给水排水管道需避开钢板梁。

## 4. 电气及智能化

### （1）电气设计

1）该项目市政提供一路 10kV 高压电源，变配电所设置地下室一层，且位置在负荷中心区，供电半径在 250m 内，线路电能损耗在规范允许范围内，配电方式采用放射式和树干式相结合；为满足更高的供电可靠性，设计采用每两台变压器互为备用的方式（中间加联络开关），在住宅部分配备一台 800kW 柴油发电机组、商业部分配备一台 1000kW 的柴油发电组作为自备电源，并能在规定时间内自行启动。共设 10 台变压器，总装机容量 12115kVA，平均负载率为 80.7%。

2）提高系统的功率因素（补偿后的高压侧功率因素不低于 0.9），选择功率因数较高的用电产品，以及在合理的地方进行无功补偿，抑制多次谐波（特别是三次谐波）。

3）主要场所照明照度、照明功率密度、Ra 值及眩光值均按照规范要求进行严格控制。

4）电梯、风机、水泵等选用节能设备，并采取节能控制措施，公共区域照明设置智能照明控制系统，以便节能环保。

5）室外照明设计均满足绿色建筑设计要求，控制室外照明中射向夜空与住户外窗以及溢出场地边界的光束。

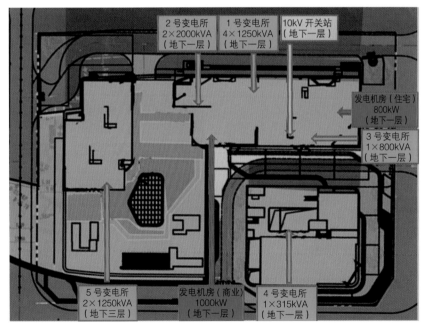

电气站房位置图

（2）智能化系统

1）设有信息设施系统，包括通信接入系统、信息网络系统、综合布线系统、有线电视系统、室内移动通信覆盖系统、无线网络覆盖系统、公共广播系统、信息发布及引导系统等。

2）设有建筑设备管理系统，包括建筑设备监控系统、能源管理系统、智能抄表系统、智能照明系统、电梯五方通话系统等。

3）设有公共安全系统，包括入侵报警系统、视频安防监控系统、出入口控制系统、停车场管理系统、电子巡更系统、无线对讲系统、视频客流统计系统、可视对讲系统、火灾自动报警及联动控制系统等。

4）前期以上系统主机都设在本地块（05 地块）机房内，远期将并入 03 地块的总机房，实现 01、03、05 三个地块集中管理功能。

## 5.BIM 技术应用

该项目的 BIM 技术应用主要体现在 BIM 模型的建立、管综优化、碰撞检测、出图、净高分析等方面，在技术层面上指导现场施工，准确发现图纸问题，预见现场施工的重难点，提供机电管综整体优化、解决方案，模拟施工过程，降低施工成本，缩短工期。

### （1）建立模型

在各专业设计图纸基础上，利用 Revit 软件进行结构、建筑、机电各专业模型的搭建，建立统一的构件命名，确定模型精度标准，根据分项工程设置相应的工作集，然后针对不同类型的专业模型，通过链接完成整体模型建立工作。完成之后与图纸进行对照，确保各专业模型与图纸一一对应。

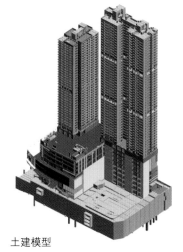
土建模型

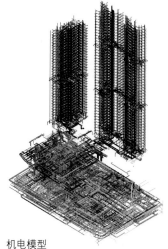
机电模型

**（2）管线综合**

1）根据不同区域净高要求及各子系统检修频度确定管线的排布方案。

2）根据项目特点，在各专业建模前初步制定管线综合方案，事先拟定大致标高，避免各专业标高重合，以此为基础建立模型并进行碰撞检测，出具碰撞报告，查找错漏碰等问题。在保证机电系统功能和要求的基础上，结合地下室车位的高度情况，对各专业模型进行整合和深化设计，针对复杂、典型、关键位置，及时协调解决方案，直至通过合理的布置实现综合模型零碰撞。

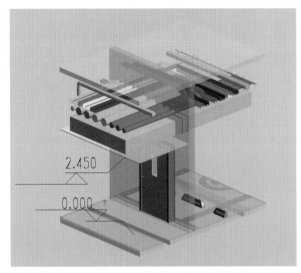

管线综合优化模型

**（3）管线综合优化原则**

1）临时管线避让长久管线。

2）大管优先。因小管道造价低易安装，且大截面、大直径的管道，如空调通风管道、排水管道、排烟管道等占据的空间较大，在平面图中先作布置。

3）金属管避让非金属管，因为金属管较容易弯曲、切割和连接。

4）无压管道，如生活污水、污水排水管、雨排水管、冷凝水排水管都是靠重力排水，因此，水平管段必须保持一定的坡度，是顺利排水的必要和充分条件，所以在与有压管道交叉时，有压管道应避让。

5）低压管避让高压管。

6）电气避热、避水。在热水管道上方及水管的垂直下方不宜布置电气线路。

7）消防水管避让冷水管（同管径）。因为冷水管有保温。

8）强弱电分设。由于弱电线路如电信、有线电视、计算机网络和其他建筑智能线路易受强电线路电磁场的干扰，因此强电线路与弱电线路不应敷设在同一个电缆槽内，而且留一定距离。

9）附件少的管道避让附件多的管道，这样有利于施工和检修，更换管件。各种管线在同一处布置时，还应尽可能做到呈直线、互相平行、不交错，还要考虑预留出施工安装、维修更换的操作距离、设置支、柱、吊架的空间等。

（4）碰撞检查

1）BIM 模型创建完成后，进行初步的碰撞检测，主要针对机电各系统之间与结构建筑之间的碰撞。该项目机电管线数量较多，以楼层作为单位细分后进行逐层的碰撞检查，并出具碰撞报告。

2）在 BIM 机电模型优化完成后，再次进行碰撞检测，进一步检测管线与管线之间的碰撞，有碰撞及时对模型进行调整，避免现场安装时出现空间不足，无法安装的情况。

（5）出图、标注及净高分析

1）将优化完成的 BIM 模型分专业、分系统进行管径及标高的标注，再出具平面图、剖面图等施工图。现场安装时，按照 BIM 施工图出示的标高、位置进行安装，大大降低了时间成本、材料成本及人工成本。

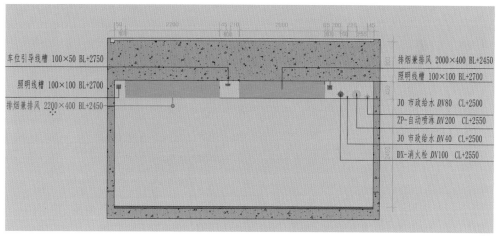

剖面示意图

2）净高分析图。通过 BIM 模拟，对空间狭小、管线密集或净高要求高的区域进行净高分析，提前发现不满足净高要求及功能和美观需求不达标的部位，避免后期设计变更，从而缩短工期、节约成本。对各个区域都进行了净高分析，针对无法满足净高的部分与参建各方进行协调优化，确保在施工之前所有区域都能满足净高要求，施工时达到一次成活、减少返工、完成效果更加美观的目的。

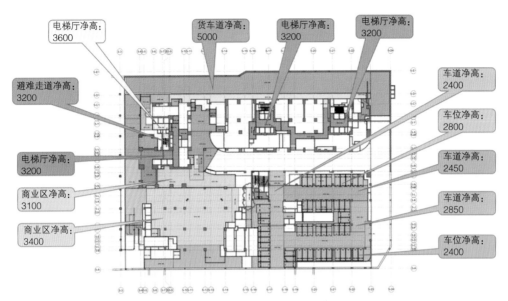

净高分析图平面图

净高分析三维图

## 04/ 应用效果

　　该项目将以更新再造方式，建设成为集商业、研发、办公、住宅等功能为一体的高品质城市综合体，或为城市区域功能转型升级的标杆之作。

商业效果图

# 2018首届绿建大会国际可持续建筑设计（12号）

## 01/ 项目概况

　　2018首届绿建大会国际可持续建筑设计竞赛场地选址位于江苏省常州市，一个被划分成6个大组团共50个地块的园区作为本次竞赛的场地，今后作为一个展示当前最新绿色建筑技术的园区。12号地块位于园区西侧，其特点是：每个可建设的地块面积都非常小，组团内每个可建设用地之间的间距也很小（6m）。因此如何在有限的用地内解决建筑与空间与环境的关系成了设计的重点。

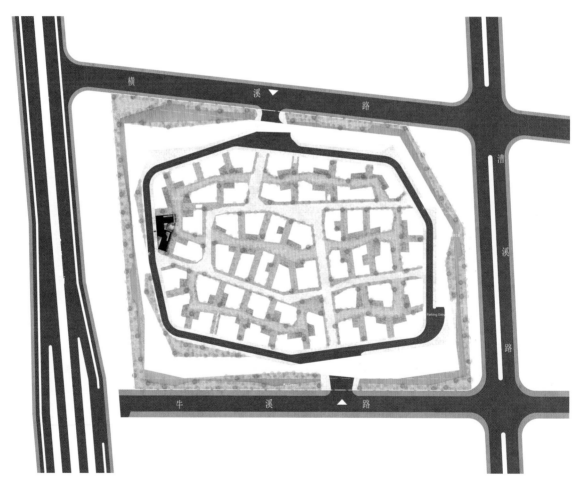

总平面图

## 02/ 设计理念

　　在城市空间不断紧张，技术不断进步的今天，是否能通过使用最新的技术与材料，将古人于园林中所追求的空间理想在新建筑中具象化？设计意在探讨如何用最前沿的建筑材料与技术，以抽象化传统建筑符号、空间方式为载体将其融入建筑自身，创造出舒适而富有情趣的空间。设计采用叠合空间的理念，在一个相对的空间内将多种独立的空间交织在一起，进而产生一种流动性的自然，将传统园林空间以及造园的精髓同样以"空"的方式去塑造。

　　将由园林空间变化而成的空间模块作为项目功能的基础空间模块，将地块视作一个多边形的几何体，将不同的空间模块叠合相互交叉之后置入几何形体之内，借助不同空间的交融来瓦解几何形体，如同将"问泉亭、补秋山房、半谭秋水一房山"这两亭一舫转化为两台一亭，两栋建筑之间通过两台一亭相连，结合室内楼梯以及室外楼梯形成串联内外空间的主要动线，第一台为首层南北楼连接部分顶部可对应问泉亭，第二台为南楼二层西侧观景平台对应补秋山房，而亭则为南北楼二层连廊对应半谭秋水一房山，室外的楼梯以北楼北侧为起点环绕建筑形成曲折之势的"廊"逐步向上至二层中心平台，环绕南楼向上到达建筑三层，穿越建筑后从南楼西侧可至三层"中心亭"。期间多处可进入建筑内部，创造出曲折的流动性空间体验，营造出室内 – 庭院 – 楼梯 – 廊道 – 露台 – 室内的循环序列，其中更有绿植作为对景，期望在有限的空间内通过自身连续而又充满变化的空间形态与使用者产生互动以及对话。同时，根据当地气候特点，考虑风环境以及采光等问题，调整体量关系以及大致的外墙材料，最终确定基础造型方案。塑造了一条室外的楼梯来解决使用者疏散问题，它还具有串联室内以及室外各种不同空间的作用。

效果图

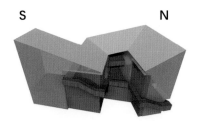

S        N

首层展示空间连续贯通

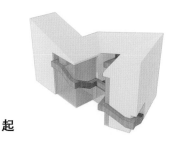

起

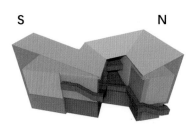

S        N

二层以上主要分为南北两个区域南侧为互动展示区，北侧是管理办公区

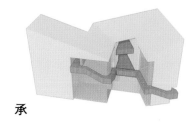

承

S        N

四层为适应坡屋顶造型所形成的阁楼空间

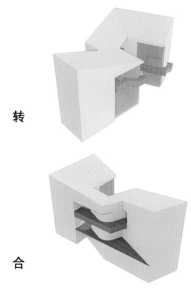

转

合

建筑内部空间吸取传统东南园林内向性与流动性的特点，通过营造室内 - 庭院 - 楼梯 - 露台 - 室内空间的循环序列将庭院空间与建筑空间通过一个盘旋向上的垂直交通系统及绿化平台相互贯通，期望在有限的空间内通过自身连续而又充满变化的空间形态与使用者产生互动以及对话，进而带给使用者一种美的体验。

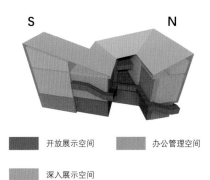

S        N

■ 开放展示空间    ■ 办公管理空间

■ 深入展示空间

形态分析

# 03/ 技术亮点

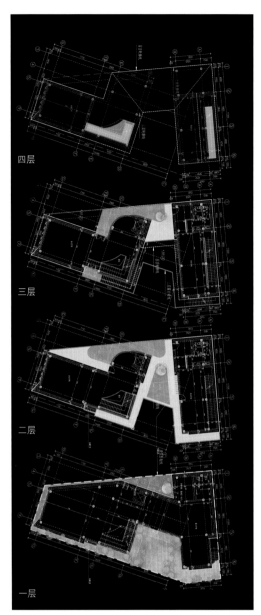

四层

三层

二层

一层

平面图

建筑主体外墙的材料主要是采用当地的毛竹以及防腐木,在设计立面时参考园林中假山的形态特点,即大小不同的洞,借此作为开窗的方式,通过设计出大小不同的体块相互错动形成拼接的外立面肌理,中间的部分作为洞窗也是对自然形态的一种延展。洞窗的大小以及位置充分考虑了场地内部风环境以及建筑对于采光的要求,内凹尺度也充分考虑了遮阳的效果。根据通风量,选择了部分洞窗不可开启,根据窗的尺度以及高度,在局部位置设置了窗楣作为细部点缀。与此同时,建筑东立面采用大面积的玻璃幕墙,而楼梯则采用混凝土现浇而成,希望呈现出朴素的建筑立面。

建筑墙体构造满足被动式住宅的节能标准,选用双层 XPS 材料内夹岩棉保温层及隔水透气膜,有效针对东南地区冬季潮湿、阴冷的特点,为营造优质舒适的室内空间提供技术保障。建筑屋顶采用单坡向心的形式,在南北两侧形成了最佳透视点,进一步展现了建筑的向心性。该屋顶继承了传统建筑通过坡屋面快速排水的特点,能将雨水迅速汇集到庭院内,并通过庭院下方的雨水回收系统形成完整的雨水循环再利用体系。

# 04/ 应用效果

该项目获得"2018 首届绿建大会国际可持续建筑设计竞赛"银奖。

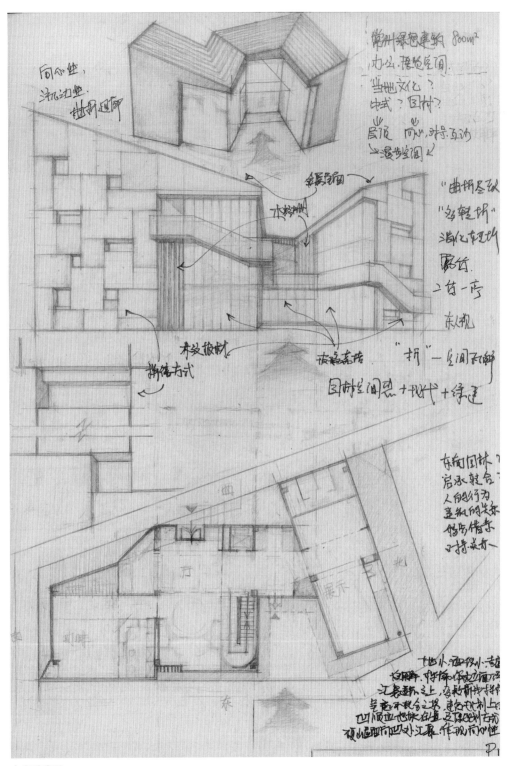

方案手稿图

# 2018 首届绿建大会国际可持续建筑设计（02 号）

## 01/ 项目概况

2018 首届绿建大会国际可持续建筑设计竞赛场地选址位于江苏省常州市，一个被划分成 6 个大组团共 50 个地块的园区作为本次竞赛的场地，今后作为一个展示当前最新绿色建筑技术的园区。02 号地块位于园区北侧，这个园区的特点是：每个可建设的地块面积都非常小，组团内每个可建设用地之间的间距也很小（6m）。因此如何在有限的用地内解决建筑与空间与环境的关系成了设计的重点。

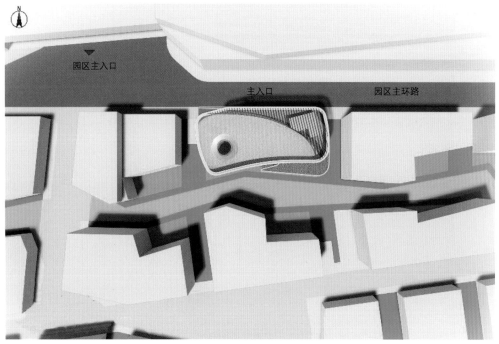

总平面图

## 02/ 设计理念

设计意在探讨自然、建筑与空间的关系，希望将自然融入建筑中，将建筑消隐在空间中，通过将建筑内部空间和自然空间的重新排序，达到天、地、人相互融合渗透的境界，打造一个通透开放的办公空间。

效果图

　　通过二层的架空层将自然引入建筑中，多方面向城市空间的人群，使建筑成为"开放的城中城"，大面积的适宜人群活动的绿化空间从地面延伸至二层屋面，激活了建筑中心生动的共享空间，在建筑中创造了一个"漂浮的绿岛"，营造出使人驻足的城市景观节点。

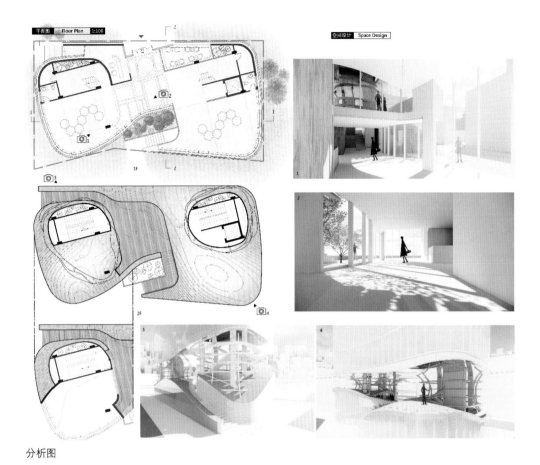

分析图

# 03/ 技术亮点

  建筑的外观造型上力图运用优美的曲线和灵动的空间创造出一种柔和的天际线，消解建筑和自然及空间层面的冲突，通过中国传统材料——瓦片，打造双层"皮肤"，赋予建筑呼吸的空间，透过疏密程度不同的瓦片，周边的自然环境隐约可见，自然的光影和建筑相融相衬，既传承了中国的传统文化，又重新营造了建筑。

  为适应当地气候特点，建筑立面设计通过南向大面积开窗为室内提供优质自然采光，同时将园区内部景观与建筑空间相互交融，西侧开窗区域通过设置密度较高的瓦片起到竖向外遮阳的作用，有效降低"西晒"带来的热辐射，并为室内营造出疏窗斜影的光影效果。

  建筑墙体选用双层玻璃，有效针对东南地区冬季潮湿、阴冷的特点，为营造优质

效果图

舒适的室内空间提供技术保障。建筑屋顶采用绿化屋面的形式，东高西低，通过设置屋面绿化的不同高度，在西侧形成了最佳渗透点，将雨水迅速汇集到建筑内部，并通过自身雨水回收系统形成完整的雨水循环再利用体系。

## 04/ 应用效果

该项目获得"2018 首届绿建大会国际可持续建筑设计竞赛"优胜奖。

# 明湖 100 文化艺术综合办公楼

## 01/ 项目概况

　　项目紧邻济南大明湖，秀丽澄碧的湖面一览无遗。南侧是多层住宅区。周边业态为本建筑提供了舒适、安静、健康、文明的区位环境，此设计是将原本一个封闭的酒店改造成一个开放的与大明湖可交融、可互动的新地标，同时也是一个活跃的、充满想象力，时尚的、充满艺术氛围的艺术商业空间，新的文化艺术中心将成为鲁文化的新名片。

项目位置图

实景效果图

## 02/ 设计理念

本建筑以大明湖为点缀，建筑形态与湖水相对立，形成一个有形但不呆板，规整却不单一的建筑外观。将大明湖的风景最大限度地纳入建筑内部，形体规整的每一个挤压盒体使建筑的通透性由内而外，更加体现了建筑外部开口的通透性和内部使用空间的灵活性。

建筑与环境相融合

建筑与生活相融合

## 03/ 技术亮点

### 1. 建筑专业

（1）商业行为与艺术的融合。该建筑是以文创办公、艺术教育办公、画室展廊、文创体验、美术馆、书店、展厅组合成不同的艺术空间。与之相关的商业行为都依托于此开放的场所，现设计将艺术、商业交融在一起。艺术需要商业的社会秩序来带动，商业需要艺术多元化去支持，所以此设计未将艺术区与商业区给予明确的物理界限，让两者紧密地融合在一起。

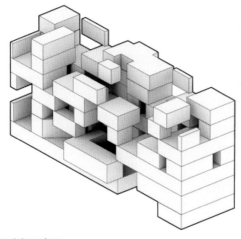

正空间示意图　　　　　　　　正负空间叠加示意图

（2）南北通透。公共空间的开口将北侧大明湖的风景和南侧的阳光最大限度地纳入建筑内部，盒体的挤压使建筑的通透性由内而外，更加强化了外部开口处景观的通透感。

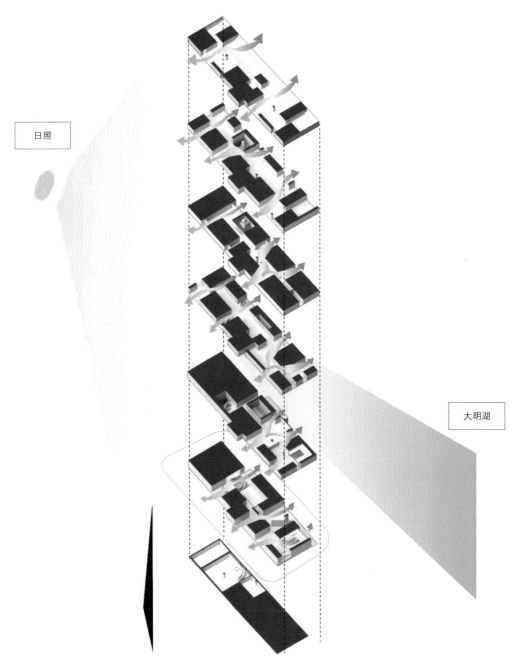

日照

大明湖

通透性分析图

## 2. 结构专业

### （1）结构设计概况

该工程抗震设防烈度 6 度（0.05g），设计地震分组为第二组。建筑结构安全等级为二级。场地基本风压为 0.45kN/m²，基本雪压为 0.30 kN/m²。原结构形式为钢筋混凝土框架结构，建造于 2001 年，地下 1 层，地上 6 层。改造区域框架抗震等级为四级。

本次改造一～六层的使用功能由原餐厅改为展览与办公，使用楼面活荷载与业主协商后确定为 2.5kN/m²。结构配合建筑改造方案在首层至五层局部新增洞口并增加旋转钢楼梯，首层及屋顶局部加建了钢结构。

根据建筑、机电专业改造后的使用功能、平面布置，结构设计对主体进行了整体计算及构件承载力计算，复核了结构在竖向荷载、水平荷载作用下的承载能力。对于结构承载力不满足之处按规范要求进行了加固设计。

针对《检测鉴定报告》中描述的外观缺陷、建筑材料强度缺陷、构件尺寸偏差、构件承载力不足之处，进行了加固处理设计。

采取的加固方式主要有：对结构柱采用增大截面加固法、外包型钢加固法等方式；对结构梁采用增大截面加固法、外包型钢加固法、粘钢加固法等方式；对楼板新增洞口采用碳纤维加固法及新加钢梁等方式。

### （2）结构设计亮点

该工程结构设计根据不同的部位和需求选择合理的加固改造方式，以尽可能小的代价满足了建筑改造方案和结构规范的要求，最大限度地保留了原结构，解决了原有结构对现建筑空间规划的限制，配合实现了建筑室内空间的完整性和整体性。

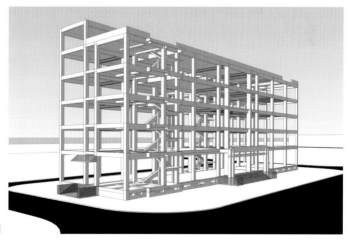

现状结构图

### 3. 机电专业

#### （1）给水排水专业

给水水源：项目周边市政供水压力为 0.28MPa，该工程充分利用市政自来水压力，室内给水均由市政自来水直供。

排水方式：室内污、废水合流制，室外雨、污分流制。项目位于市区，周边为硬化路面，充分利用与周边市政道路高差，由外排水雨水系统重力排至市政雨水管网。

室外消防系统：由明湖路引两根 DN100 自来水管，充分利用市政环状管网提供双路水源，作为室外消火栓用水，节约了消防水池储存的有效容积。

室内消防系统：该项目设计要点为消防泵房改造。消防泵房设置于地下室，现状消防水池设置于室外地坪，利用成品不锈钢水池补充有效容积不足的问题。

#### （2）暖通空调专业

根据项目运营时间，采用冷暖型变容式多联机空调系统，承担冬、夏季空调负荷。

根据建筑使用功能，每层设置一台室外机，空调室外机统一放置于屋顶，室外机采用变频调速控制配有室温自动控制器。

室内机采用顶棚内置式风管机，空调冷凝水经冷凝水立管集中接至公共卫生间。地下一层、首层、二层展厅设多联机新风系统，新风量按照不小于 30m³/（h·人）计算。地下展厅采用直流式新风系统；地上展厅采用立柜式热回收新风机组，展厅隔墙内暗装，对部分排风进行热回收，保证运行时 60% 以上的能量回收。

电气机房位置

### （3）电气智能化

设计内容：电力配电系统；照明、插座配电系统；火灾自动报警系统；综合布线系统；视频监控系统；无线移动通信信号室内覆盖系统等（预留条件，运营商投资）；电气火灾监控系统；背景音乐及消防应急广播系统。

首层设置配电间，由楼外箱变采用 380V/220V 三相四线电缆进线，并另从就近变配电所取一路 380V/220V 三相四线制进线作为消防负荷的备用电源，电源进线由室外强电人孔井穿钢管引入。

通信及计算机网络系统中心机房设在地下一层，各类计算机管理、应用、通信系统，交换机、服务器防火墙等设备集中安装。

地下一层设消防控制室，与安防控制室合设。原有火灾自动报警系统的区域报警控制器由门卫室移至消防控制室集中管理。

## 4. 室内装修

室内装修巧妙地将所有的机电管线隐藏起来，尽可能地给大众一个完整的艺术空间，让每一个人都可以在这里放松，娱乐，享受。

室内空间效果图

# 04/ 应用效果

1. 出入口：一个充满想象的入口。

入口效果图

2.B1 美术馆：一个生活与艺术的场所。

B1 美术馆效果图

3. 一层美术馆：一个视觉与灵魂的场所。

一层美术馆效果图

4. 二层美术馆 + 书店：一个创作与科学的场所。

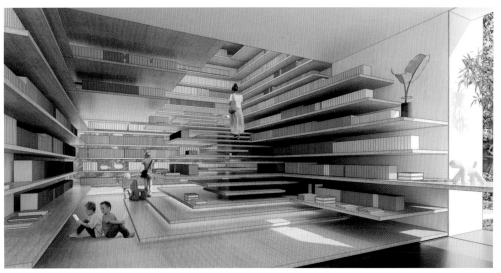

二层美术馆 + 书店效果图

5. 三层文创体验：一个探究与实践的场所。

三层文创体验效果图

6. 四层美术教育：一个造型与审美的场所。

四层美术教育效果图

7. 五层共享办公：一个智慧与技术的场所。

五层共享办公效果图

8. 六层餐厅：一个优雅与浪漫的场所。

六层餐厅效果图

# 北京世园公园建筑物装修节能改造一期工程

## 01/ 项目概况

　　该项目位于北京市延庆区 S220 省道西侧北京世园公园内，南邻百康路。此次改造的 D13、D14、D15、D19、YG03 五栋建筑位于园区西南部分，YG02 位于园区南部，5 号门位于园区东南侧，共改造七栋建筑，均由原功能改造为办公建筑。

D15 改造后效果图

## 02/ 设计理念

　　从盘活闲置建筑着手，对世园公园的园区进行分析，探寻园区可持续发展道路，将旧有建筑改造为拥有新功能的新建筑。本次一期项目优先改造办公类建筑，为区域办公人员营造舒适、优质的办公环境，为园区下一步发展铺路。

　　在改造过程中，以整体园区功能策划为出发点，以使用者需求为基础，对需改造的建筑进行筛选分类，确认第一批办公及办公配套建筑，再根据各个建筑的特点有针对性地进行改造设计，使每一个建筑都是独特、舒适而高效的新建筑。

D19 改造后室内效果图

YG03 改造后效果图

5 号门改造后效果图

项目场地位于北京世界园艺博览会场地内，其环境由世界各国各具特色的园林组合而成，拥有优美的环境与绿化，建筑也各具特色。在设计之初便考虑与周边环境紧密相连，在选择一期改造项目时，根据园区长久发展的规划，考虑到开发运营园区首先需要大量工作人员，为解决工作人员缺少办公场所的问题，首先考虑将园区内部分建筑改造为办公建筑。在选择改造建筑时，从整体规划角度出发，选择区域内最便于管理人员工作且不妨碍游客游览的建筑。

　　在改造过程中，根据原建筑外貌及周边环境，对其标志性元素进行重复或扩展设计，使之新建部位与原建筑不产生强烈的割裂感。如 D13，原建筑以树叶为主要元素，在改造过程中，在将推拉门更改为窗墙体系时，在新增墙面上设计了小树叶图案，保证其与原建筑拥有同一元素，在外观上使之与原有部分紧密融合。而在对 D14 进行外立面改造时，对其立面上木纹格栅的元素进行重复，在保证新增墙体体形系数与窗墙比符合标准的同时，让元素从入口部分延续至整栋建筑，保证其风格的统一性。

D13 改造前

D13 改造后

D13 改造后效果图

D14 改造前　　　　　　　　　　　　　　D14 改造后

D14 改造后效果图

# 03/ 技术亮点

## 1. 结构和材料

### （1）工程概况

该工程 D14 建于 2019 年，建筑原有功能为餐厅，无地下室，地上 2 层，檐口高度约 6.80m，结构体系为钢框架结构。现建筑功能改为办公楼，局部楼板开洞需封堵。

### （2）工程结构设计概况

依据装修图纸、原结构图纸，经检测、鉴定及抗震复核验算，原结构部分框架柱、框架梁抗震承载力不满足要求，地基承载力不满足要求。需要进行加固处理。

1）现在建筑方案改变：为改善建筑保温、隔声效果，屋顶由轻质屋顶改为混凝土屋顶。由于建筑功能改变，大门处两层通高大厅，在二层处楼板做了封堵。

2）基础加固方案：

①原有基础为独立基础，若采用扩大独立基础做法，需要大面积进行植筋。对原结构破坏比较严重，造价高，施工周期长。

②借助原有地梁，把独立基础连接起来，改为弹性地基梁条基，增加基础面积。这样对原结构的破坏小，施工简单，造价低。

对上述两种加固方案综合考虑，选用独立基础改为弹性地基梁条基的方法进行基础加固。

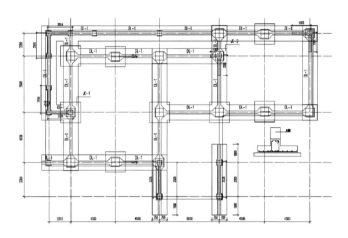

基础加固

3）此楼原有结构柱子截面普遍偏小，经过计算后，强度普遍不够，有以下两种加固方法：

①加大柱截面：原有框架柱都需要加大截面，施工工艺复杂，施工过程对原结构影响较大，施工造价高，施工周期长。

②改变结构体系：考虑到原有结构是框架体系，继续利用原框架来承担部分水平和垂直荷载，由剪力墙承担大部分地震力。采用在已有框架结构体系的基础上，增加剪力墙，以弥补原结构整体抗震能力的不足。该方案的具体做法是：在结构周边增加剪力墙，与剪力墙相连的柱子拉结形成一体。楼屋面板仍采用能较好传递水平地震作用的现浇混凝土板。这样，整个结构的结构体系就由框架结构变成了框架—剪力墙结构。

通过这些新增加的剪力墙，把部分垂直荷载传至基础，同时又能在地震作用时承

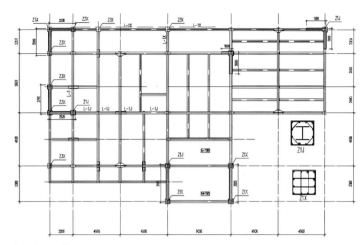

剪力墙平面布置

担大部分水平力。加墙之后的结构整体刚度比较好，框架—剪力墙结构中的框架结构是多次超静定结构，当框架部分杆件屈服或出现塑性铰后，结构仍然是稳定的。

综合比较上述两个方案的优缺点，选定用改变结构体系法进行加固。

## 2. 暖通空调

YG02、YG03、D14、5号建筑改造后冷热源采用空气源热泵机组提供的45℃/35℃的热水；D13、D15、D19建筑采用多联机空调系统作为冷热源。末端均采用风机盘管空调系统。

YG02、YG03、D14、5号建筑均采用地板辐射供暖，空调水系统采用两管制变流量系统。该项目均为一个个独立的建筑，运行时间也不统一，离园区原冷热源较远，原来供暖及空调效果不佳。采用分散式空气源热泵系统，既可以满足一套系统两种功能的需求，而且由于各个单体均独立采用各自的设备系统，设备均就近设置，又使得供暖和空调效果满足要求，且方便运行管理。

## 3. 给水排水

该项目的重点为把原建筑改造为办公建筑，难点为在充分利用原有系统的前提下满足办公的要求。

该项目为改造项目，建筑功能变化大，且规范已更新，故先与其他专业一起按照新的功能及管理分区重新规划系统和机房，复核平面路由及吊顶净高，以满足新规范的技术要求及使用方的功能需求。

技术特点：生活用水为自来水，单体建筑的引入管从园区道路上环管接出，市政给水管网供水最低压力为 0.26MPa。城镇供水管网直接供水。

科研办公热水、饮水系统采用电热水器。

采用污、废水分流制排水系统，设置伸顶通气立管。

屋面雨水系统采用 87 斗系统，设计重现期 10 年。场地雨水设计重现期 3 年。

该项目按一次火灾进行消防系统设计。室外消防用水均由市政管网提供，室外消火栓的布置间距不超过 120m，保护半径不大于 150m。室内消火栓系统为临时高压给水系统，消防水源及机房利用园区原有系统。

节能减排措施：系统无超压出流现象，用水点供水压力不大于 0.20MPa，超出 0.2MPa 的配水支管设减压阀，且不小于用水器具要求的最低工作压力。

## 4. 电气及智能化

### 1. 电气系统

（1）因建筑功能及房间格局改变，低压配电、照明配电等系统均根据布局重新调整。

（2）接地系统及安全措施：该工程为内部装修改造设计，建筑物防雷、接地及安全系统均利用原防雷接地装置，仅对新增配电箱、电缆桥架、金属管道、风机等金属设备进行总等电位联结。

（3）光伏发电系统：YG03 建筑设置一体化太阳能发电屋顶，屋面采用 1760mm×1040mm 标准光伏发电瓦，并网接入低压配电系统，自发自用，余电上网，助力零碳园区的建造。

### 2. 智能化系统配置

（1）通信及计算机网络系统包括电话程控交换系统、计算机网络系统、综合布线系统、无线网络系统、移动通信覆盖系统、信息发布系统。

（2）安全防范系统包括视频监控系统、门禁系统、巡更系统。

搭建智慧办公、物业管理平台，将多个子系统接入平台，以智慧化运营手段替换传统物业的管理办法，减少人力物力成本。

YG03 加设太阳能发电屋顶效果图

# 04/ 应用效果

　　该项目为世园公园园区改造一期项目，改造建筑均为办公及办公配套建筑，在绿色建筑改造、快速高效的功能改造等多方面进行了研究。

　　该项目的建设有利于更新世园公园园区功能，盘活世园闲置建筑，为园区内工作人员提供良好办公环境，为园区焕发新生命做预备建设。

YG03 改造后实景图

# Industrial Service Buildings

产业服务类

中国电子科技集团公司第五十三研究所统筹建设项目
山西潞安煤基特种燃料与精细化工研发项目
龙山科技园三期
清徐智创科研双创产业园及智慧社区
新朔铁路行车公寓办公楼
鼎杰现代机电信息孵化园（加速器）

# 中国电子科技集团公司第五十三研究所统筹建设项目

## 01/ 项目概况

中国电子科技集团公司第五十三研究所位于天津市空港物流加工区，毗邻天津滨海国际机场、京津塘高速公路及津汕高速公路等交通枢纽，区域周边交通极为便利。

项目总用地面积 30.553hm²，总建筑面积 232950.29m²，其中地上建筑面积 225980.29m²，地下建筑面积 6970m²。

# 02/ 设计理念

"单元生长、网络组织"。以模数单元式方法进行建筑设计,按照网络式模式组织发展。

按一定的模数单元式原则确定建筑物的基本尺寸,形成较大的建筑空间和统一的柱网、层高、承载能力,平面布局可以灵活变化,组成不同的功能空间,以求满足建筑物多种功能的需要和发展,具有显著的灵活性、适应性和可持续发展性。

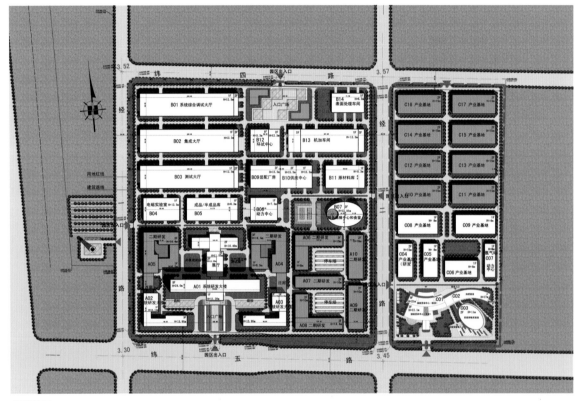

总平面图

网络式发展规划有利于不同单元之间的联系、交流与共享,有利于不同系统在今后发展中的专业更新与规模调整,并可灵活调节用房的使用性质,为不断发展的园区空间提供清晰的规划肌理和理性脉络。

实景照片

# 03/ 技术亮点

## 1. 结构和材料

　　该项目包括 C01、C02 两栋建筑；C01 地上 5 层，高度 21.60m，框架抗震墙结构；C02 地上 4 层，高度 14.30m，框架抗震墙结构。

　　该工程抗震设防类别为标准设防，抗震设防烈度为 7 度、0.15g，第二组，结构安全等级为二级；建筑场地类别为 III 类，主楼结构形式为混凝土框架 – 抗震墙结构；框架抗震等级为四级，抗震墙抗震等级为三级；C01、C02 两栋建筑均无地下室，基础形式为桩基承台的深基础，基桩直径 600mm，单桩承载力特征值为 1900kN，桩端持力层为粉质黏土层。

　　该工程 C01 结构为平面不规则的多层建筑，优化抗震墙的布置，减小结构的扭转效应；按规范要求，该建筑需要提高一度采取抗震构造措施。

结构外观效果图

### 2. 暖通空调

（1）在能源中心设置一个制冷机房，为 C 地块上各建筑提供冷源。夏季由市政蒸汽经动力中心减压为 0.6MPa 的蒸汽后供给蒸汽溴化锂机组，冷水供 / 回水温度为 7℃ /12℃。冷却塔放置于能源中心的屋顶上，冷却水供 / 回水温度为 37℃ /32℃。冬季一次热源为区域内市政蒸汽，市政蒸汽在动力中心经过汽—水换热器换热后产生 60℃ 的热水送至主楼制冷站分水器，热水经分水器各分支分别送至各建筑空调末端。冬季空调回水温度为 50℃。

（2）空调水系统采用两管制一次泵冷热源侧定流量设计，分、集水器之间设旁通管，管上设供回水压差控制阀。空调水系统的管路采用异程式布置。各分支管路设静态平衡两通阀；空调机组、新风机组设流量型电动调节阀；风机盘管处设电动两通阀，根据建筑的使用功能及为保证水系统运行稳定，每栋建筑的风机盘管与新风机组水循环回路均为独立回路。设一台自动定压补水装置作为空调水系统的定压膨胀设备，夏季使用。水系统在垂直方向不分区。

（3）办公楼采用风机盘管加新风的系统形式。新风统一处理至室内焓值后送至各房间。新风机组采用带转轮式热回收装置，保证运行时 60% 以上的能量回收。对于部分大空间（如多功能厅），根据功能和运行管理需要分区域采用全空气系统。

### 3. 给水排水

该项目包含建筑单体以内的生活给水系统、生活热水系统、中水系统、生活排水系统、雨水系统、室内外消火栓系统、自动喷水灭火系统和雨淋系统设计。

（1）生活给水系统：从纬五路和经二路市政给水管网分别引入一根 DN200 的供水管，市政供水压力最低时为 0.24MPa，该项目 C04 ~ C09 栋建筑均为市政直供。

（2）中水系统：中水水源为市政中水，从纬五路上预留一根 DN150 中水管，中水用于冲厕、室外浇扫绿地、冲洗道路。中水系统不分区，均为市政直供。

（3）生活排水系统：采用污、废合流制。污水经室外化粪池处理后排入小区污水管网。

（4）雨水系统：屋面雨水均采用重力流排水系统，由雨水斗和单立管汇集的雨水经排出管排至室外散水；屋面女儿墙设溢流口，雨水排水工程与溢流设施的总排水能力不小于 10 年重现期的雨水量。

（5）室内外消火栓系统：在动力中心内设置消防水泵和消防水池（400m³），在 C01 建筑屋面设置 18m³ 消防水箱和稳压设备。室内消火栓系统接自小区消火栓专用环状管网。平时由消防高位水箱及消火栓系统增压稳压泵；室外采用生活、消防合用供水系统。从纬五路和经二路市政给水管网上分别引入一根DN200供水管，与该工程室外环状管网连接。小区设有专用的消防值班室。

（6）自动喷水灭火系统：C04建筑为两层丁类厂房，功能以办公为主，喷淋系统按轻危险级设计，湿式系统。C06建筑和C09建筑为单层甲类厂房，喷淋系统分为两部分，使用氢气的房间按严重危险级设计，配置干式雨淋系统，其他房间按轻危险级设计，湿式灭火系统。

## 4. 电气及智能化

设计内容：变配电系统、动力配电系统、照明系统、消防应急照明及疏散指示系统、防雷接地及等电位联结系统。火灾自动报警系统、消防联动控制系统、背景音乐及紧急广播系统、消防直通对讲电话系统、电梯监视控制系统、火灾漏电报警系统、气体灭火系统、消防系统电源及接地。安全技术防范系统；有线电视系统；通信及网络系统；综合布线系统；建筑设备监控系统；智能化系统集成；手公共无线通信信号放大系统。

供配电系统设计：在该项目地下一层设置一个变配电室，内设4台变压器，1号、2号变压器1600kVA，3号变压器1250kVA，4号变压器1600kVA，为本项目供电。

低压配电系统：采用单母线分段运行方式，中间设置联络开关。

电气机房设置

# 山西潞安煤基特种燃料与精细化工研发项目

## 01/ 项目概况

    该项目位于山西省太原市区南部和晋中市榆次区（含）细部科技创新城核心区规划范围内东南角 V2 科研邻里单元，四面与城市干道相连，位置交通便利，具有良好的交通网络。该项目总用地面积为 112900.00m²，用地性质为研发办公实验及配套服务设施用途。建筑总建筑面积为 186855.02m²，其中计容积率建筑面积：145906.9m²，容积率为 1.3；不计容积率建筑面积：40948.12m²。

# 02/ 设计理念

结合地块的具体位置以及地形地貌、环境、交通和生态等综合因素，提出以下设计原则：

（1）本着"和谐"的宗旨，"以人为本"的设计理念，创造主题鲜明、内涵丰富的办公生活环境。

（2）充分考虑项目的位置，避免外界的不利影响。在塑造外部形象的同时，做到与自然环境及周边建筑群体和谐统一。

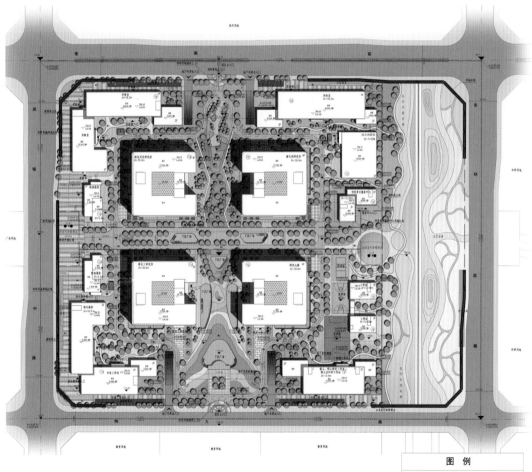

总平面图

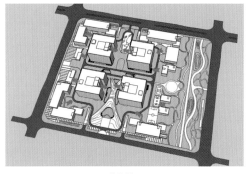
整体性

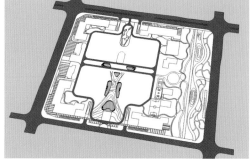
共享性

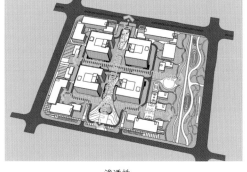
渗透性

景观形态

空间组织关系

（3）努力做到小中见大，创造更多的休闲交流空间，合理组织交通流线，提高办公效率和提供更好的服务

（4）充分引入周边自然资源，因地制宜，结合项目特点，进行合理布局，提供更多城市复合空间。

功能分区：将4栋39.4m高的主要研发办公大楼放在场地正中，其他办公、实验、服务配套等建筑围绕在其周围。

人车分流：各出入口分开设置。车行出入口由地块南北两侧市政道路直接进入地下室，主要人流由地块南侧正中位置进入，次要人流由东、西两侧进入。

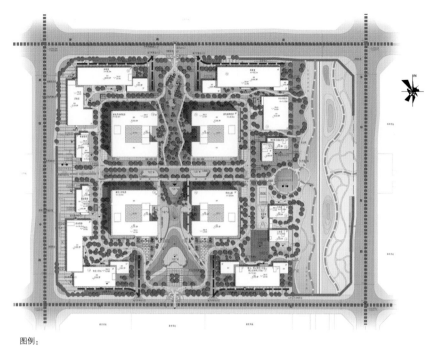

交通分析图　图例：　▪▪▪▪▪ 主干道　▬▬▬▬ 车行流线　▬▬▬▬ 人行流线　▬▬▬▬ 自行车车道

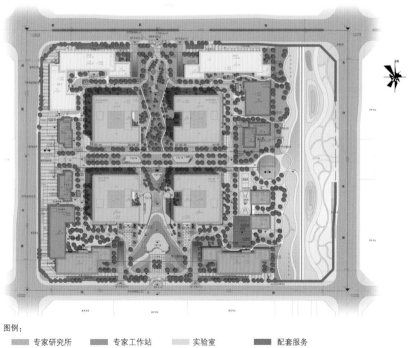

功能分析图　图例：　▦ 专家研究所　▦ 专家工作站　▦ 实验室　▦ 配套服务

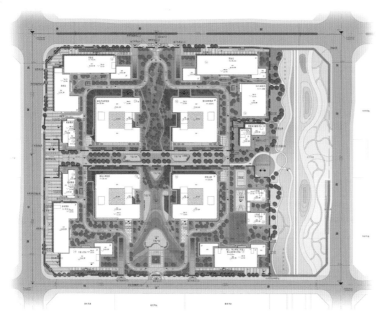

其中地块2—01绿地面积约为13540.608m²，绿地率约为35%，符合规划要求。
地块2—02绿地面积约为16570.422m²，绿地率约为35%，符合规划要求。

图例：
▓▓▓▓ 绿化

绿地分析图

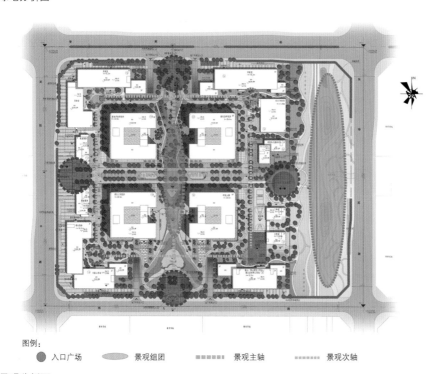

图例：
●入口广场　　⬭景观组团　　▪▪▪▪景观主轴　　┈┈┈景观次轴

景观分析图

# 03/ 技术亮点

## 1. 结构和材料

　　该工程设计使用年限 50 年，抗震设防类别为丙类，建筑场地类别为 III 类，建筑结构安全等级为二级，抗震设防烈度为 8 度（0.2$g$），结构类型为框架结构，结构抗震等级为二级（或一级），基础采用管桩基础。其中，4 栋主要研发办公大楼共 9 层，总高度为39.4m。

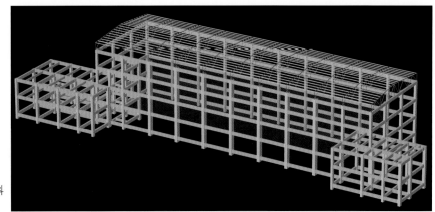

1 号博士后科研工作站

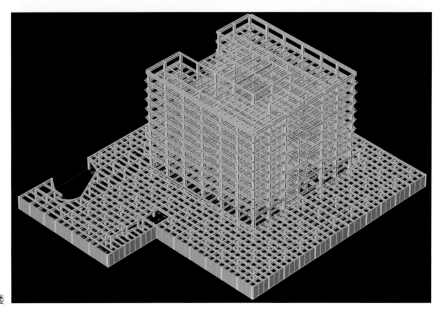

4 号研发大楼

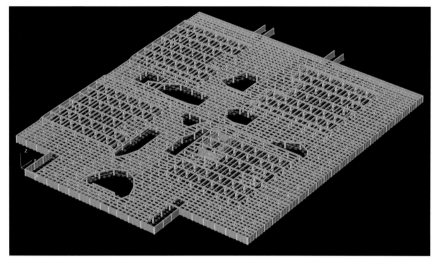

地下一层车库

## 2. 暖通空调

根据建筑使用功能，结合当地气候特点和能源供给情况，经技术经济比较，采用风冷热泵型多联机＋新风的空调系统，用于夏季供冷和冬季供热。空调室外机安装在屋面，室内机采用嵌入式暗装形式。分层设置吊顶式全热回收新风换气机组，回收排风的热量或冷量，对新风进行加热或降温后送入室内。

考虑各单体分散布置，采用了分散式多联机空调系统方案，其具有方便计量管理和部分区域加班使用适应性强的特点。室内机按房间朝向和使用功能进行系统划分，控制同一系统中室内机最大允许连接数量。尽量减小室内机供冷半径，冷媒管等效管长小于70m，降低了制冷剂输配能量衰减，满足了制冷工况下满负荷性能系数大于2.8的技术要求。考虑寒冷地区冬季供热可靠性，设计中以冬季工况确定机组供热量，满足了供热需求和节能性要求。

## 3. 给水排水

该项目园区内合理规划地面与屋面雨水径流，设有大面积的地面绿化及地下室顶板绿化，对场地雨水外排总量进行控制，减少场地对外排水量。

根据建筑设计情况，消防泵房及消防水池设置在地下一层车库内，有效容积972m³；在4号楼屋顶设36m³的消防水箱，属临时高压给水系统。

根据建筑使用功能，进行了多种灭火系统全保护设计。建筑内设有自动喷水灭火系统、消火栓系统等消防系统；消防水泵房内设有室内消火栓泵、室外消火栓泵和喷淋泵各两台，均为一用一备；在水泵房设有室外消火栓泵，室外消火栓采用水泵加压供水的方式连接消防车取水口，在一路供水的情况下保证满足室外消防用水量。

## 4. 电气及智能化

该项目由园区内配电房引来 220V/380V 电源供电，采用电缆埋地引至本栋的首层配电间总配电箱。

低压配电系统接地形式采用 TN-S 系统，其中 PE 线与 N 线在变配电所电力系统接地点处分开之后严禁再次连接。同时，实施了总等电位联结，在一定程度上可降低建筑物内间接接触电击的接触电压和不同金属部件间的电位差，并消除了自建筑物外经电气线路和金属管道引入的危险故障电压的危害，总等电位联结通过装设在变配电室内的总等电位端子板，将配电柜内的 PE 母排、进出建筑物的金属管道、便于利用的钢筋混凝土结构中的钢筋等可靠联结。从室外配电箱（柜）引出的线路应穿金属导管，金属导管的一端应与配电箱（柜）外露可导电部分相连，另一端应与用电设备外露可导电部分及保护罩相连，并应就近与屋顶防雷装置相连，金属导管因连接设备而在中间断开时，应设跨接线，金属导管穿过防雷分区界面时，应在分区界面做等电位联结。

在灯具的选择上，主要采用以节能型荧光灯和节能灯作为光源的灯具。对于气体放电灯灯具，采用单灯就地无功补偿的方式，以确保补偿后功率因数不低于 0.9。

在照明节能控制方面，实施就地设置照明开关控制。根据情况进行分组分区控制，走廊、机房、设备房以及户内等的照明也采用就地设置开关的控制方式。在满足灯具最低允许安装高度及美观要求的前提下，尽可能降低灯具的安装高度。充分利用自然光，有外窗时，照明灯具的布置应对应使用功能按临窗区域及其他区域合理分组，并采取分组控制，实现最大限度的节能。

研发大楼中庭采光顶

正面透视图（沿纬九路）

## 04/ 应用效果

4 号研发大楼东北角透视图

# 龙山科技园三期

## 01/ 项目概况

　　该项目位于安徽省芜湖市经开区，南临衡山路，总占地面积62359.92m²，地上总建筑面积为58764m²。共3栋建筑：3号、4号厂房为2栋工业建筑，建筑面积40168m²；科研楼为1栋办公建筑，建筑面积14548m²，科研楼地下室建筑面积3712m²。建筑功能：办公楼、科技园区厂房。

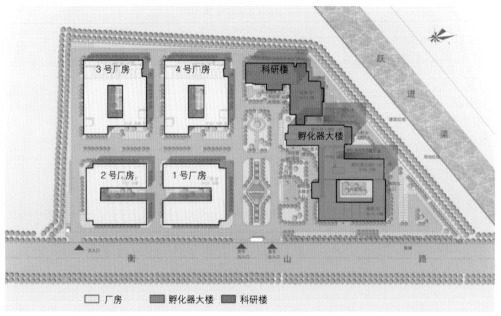

总平面图

## 02/ 设计理念

　　该项目设计过程中坚持高层与多层相融合的群体形态设计理念，高层建筑采取垂直和水平线条对比的设计手法，塑造出坚实有力、挺拔向上的现代高科技形体；多层建筑采取相对自由的设计手法，也为场地增添了现代、时尚、科技的建筑气氛。

　　3号、4号厂房为多层丙类生产厂房，框架结构为大空间设计，可分可合，功能相对单一的科研楼为高层科研办公，一～二层为共享型的公共服务区，有会议接待、室内球馆等功能空间，在二层设计了与孵化器大楼相连接的空中绿色环廊，三层以上为科研办公主体，每层提供可共享交流的开放空间和会议空间；屋顶均设计有空中花园。

该项目在规划和单体设计上力求创新，充分体现国际化、时尚化的风格，而且注重环保，让园区内处处充满阳光与绿化。这种绿洲的建筑概念可充分地体现于以下设计特点：

（1）建筑布局生动、自然、合理和清晰，表现出有机发展的气势。

（2）着重"人本—自然—生态"，强调建筑与景观的有机结合。

（3）尽量做到人车分流，车辆进入园区内以最短的路线进入地下车库，园区内部地面大部分成为绿化步行区域，进一步优化环境质量。

（4）借助入口广场特色水景的环保概念有效改善园区环境。

建筑设计融合了各种现代建筑手法，形成一种清新通透、典雅的建筑风格。

# 03/ 技术亮点

## 1. 结构和材料

该工程建筑结构安全等级为二级，设

室内实景

屋顶花园

入口处透视图

透视图

计使用年限为 50 年，建筑抗震设防烈度为 6 度，设计基本地震加速度值为 0.05g，设计地震分组为第一组，抗震设防类别为丙类建筑，耐火等级为一级；

（1）研发大楼地上结构 11 层，地下 1 层，采用现浇框架 – 剪力墙结构体系。

（2）3号、4号厂房地上结构5层，采用现浇框架结构体系。

（3）为满足建筑专业和使用的需要，尽量在主楼与裙楼之间不设缝，为控制两者间的沉降差，采用桩基，同时在两者间设置施工后浇带。由于地下室纵横向设置后浇带，地下室外墙及一层梁板部位适当提高配筋率。

（4）地下防水等级为二级，考虑混凝土防水、抗渗及抗裂要求，地下室采用抗渗混凝土内掺抗裂纤维。

（5）梁、柱主筋采用 III 级钢（HRB400）；建筑物外围护墙采用加气混凝土砌块，内隔墙采用轻质墙板或加气混凝土砌块（密度 60kN/m³）。

### 2. 暖通空调

（1）地下一层变配电房设机械送风、自然进风系统，换气次数为 10h⁻¹；生活水泵房设机械排风、自然进风系统，换气次数为 8h⁻¹。

（2）消防水泵房设机械排风、机械进风系统，换气次数为 8h⁻¹，送风量为排风量的 85%。

（3）公共卫设机械排风、机械进风系统，换气次数为 10h⁻¹，送风量为排风量的 85%。

（4）空调机房设机械送排风、自然进风系统。换气次数为 6h⁻¹。

（5）锅炉房设机械排风、自然进风系统，换气次数为 12h⁻¹。

（6）地下一层管理用房设机械排风、机械进风系统，换气次数为 2h⁻¹，送风量为排风量的 85%。

（7）地下一层汽车库设机械排风、机械进风系统，换气次数为 6h⁻¹，送风量不小于排风量的 50%。

### 3. 给水排水

（1）生活给水：地下室至地上四层由外网自来水直供，外网水压为 030MPa，为下行上给式。五层以上由无负压管网增压设备分区减压供给。

（2）生活排水：高层建筑排水系统为设专用通气立管的排水系统，多层建筑排水系统为伸顶通气立管的排水系统，室内最大日排水量为 44m³。室内污水经收集排至室外化粪池处理后，再排至市政污水管。

（3）雨、废水系统：屋面雨水设计重现期采用 10 年，降雨强度（5min）为

567L/（S·hm²）。室内雨水经收集后，直接排至市政雨水井。地下层设集水坑，坑内设2台潜水排污泵，平时一用一条，消防时同时打开，集水坑有效容积为2m³，提升至室外雨水检查井排入城市雨水系统。

### 4. 电气及智能化

该项目电气及智能化设计主要包括红线内的以下电气系统：变配电系统，照明系统，建筑物防雷、接地系统及安全措施，火灾自动报警及消防联动控制系统。

## 04/ 应用效果

（1）科技园区主入口设置在衡山路的中段，研发办公和厂房建筑分设在主入口两边，同时形成了主入口广场——中央广场，布置流通环绕的景观水体，与高科技产业"智者近水"的主题相呼应。

（2）气势宏大的入口主广场延伸出纵向的园区景观主轴，主轴上布置有景观湖横向为景观次轴。各组团内疏密有序地布置一些景观节点，由几条景观通廊互相联系交通：沿衡山路中部的入口主广场形成了很好的交通缓冲。基地的西南角设置次要出入口。

（3）从入口主广场延伸进入园区内部的交通干道形成环路，同时也划分了各功能组团。干道上延伸出若干交通次路，到达各个单体。同时，各主要道路根据规划向西边的相邻地块延伸，使整个园区形成一个整体路网。

（4）沿孵化器大楼和科研楼的两组建筑的地下为贯通的大型车库，适当加大车位配比，园区内部道路两侧也均匀布置若干地面停车位。

项目实景图

# 清徐智创科研双创产业园及智慧社区

## 01/ 项目概况

　　该项目位于山西省太原市清徐县西内环街西侧，通湖路南侧。规划总用地面积约43101.89m²，其中居住用地面积25871.23m²，商务办公用地面积17230.66m²。居住用地总建筑面积约89842.44m²，地上最高26层，地下1层（不含设备夹层），功能为住宅及其配套公共服务设施。商务办公用地总建筑面积约80719.51m²，地上最高20层，地下2层（不含设备夹层），功能为办公、会议、餐饮、健身娱乐、人才公寓等。

　　规划目标：

　　未来健康示范区，缔造绿色科技城；

　　清徐城市会客厅，创新活力新地标；

　　智创产业集聚区，转型发展策源地。

# 02/ 设计理念

## 1. 居住用地

（1）舒适性：从规划布局、户型设计及景观设计上均把使用者的舒适性放在第一位。

（2）布局合理性：在保证经济性的前提下应尊重周围拟建和未规划用地。

（3）文化性：小区采用新中式，打造能够延续风俗习惯及文化传承的社区空间。

（4）人性化设计：进行一定的适老化设计及无障碍设计，关注身心健康。

（5）安全性：小区采用封闭管理的方式，保证区内人员安全，内部人车分流。

（6）科技性：通过新技术、新材料、新设备的运用，创造一个绿色生态的居住环境。

## 2. 商务办公用地

（1）标识性：高层商务办公建筑布置在城市主次干道交叉口，注重城市主干道的标志性，提升城市形象，提升区域影响力。

（2）适应性：规划布局顺应城市肌理，高层建筑布局尽量减少对东、西侧住宅的影响，以适应用地的局限性。

（3）功能分区独立性、完整性：建筑功能分区独立，由南北向交通空间将所有功能串联整合，联系紧密，形成完整高效的商务办公综合体。

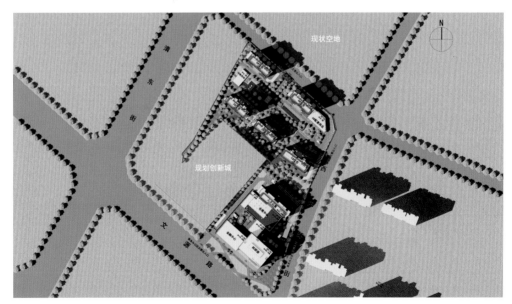

总平面图

居住建筑

商务办公建筑

### 3. 业态规划

（1）智创产业：涵盖创客空间、创业苗圆、创新孵化器、加速器双创活动、创业培训、知识产权交易中心、特色产业展示平台、游学服务、赋能服务、科技成果转化等内容。

（2）政务办公：涵盖政务审批中心、政务会议中心、政务办公中心、政府城投平台。

（3）居住配套：涵盖配套住宅、专家公寓、人才公寓、景观绿化、智慧物管等。

（4）商业配套：涵盖酒店、餐饮、零售、休闲、影视、亲子、运动、庆典等。

# 03/ 技术亮点

## 1. 结构和材料

该项目分为科创园和智慧社区两个部分。

### （1）科创园

科创园地上为一栋综合建筑，但楼体在地面以上各自独立自然分开：北侧为人才公寓，建筑高度为 67.35m；南侧为科研楼，建筑高度为 89.98m；北裙房为会展中心，建筑高度为 16.05m；南裙房为金融中心，建筑高度为 18.75m；大底盘地下车库（含人防工程），地下 2 层，总埋置深度约 10m 左右。

该建筑物抗震设防类别为标准设防类，结构安全等级为二级，结构设计使用年限 50 年，抗震设防烈度为 8 度，设计基本地震加速度值为 0.20g，设计地震分组为第二组，建筑场地类别为 III 类，处于抗震不利地段，无不良地质作用，为液化场地，地基液化等级为中等，抗浮水位相对于正负零为 −3.500m，地基基础设计等级为甲级。

科研楼和公寓楼均采用桩筏基础，桩型采用钻孔灌注桩加后注浆技术，会展中心、金融中心、地下车库采用抗压桩（兼抗拔桩）承台 + 防水板的基础形式，塔楼与裙房之间设后浇带断开，桩型也采用钻孔灌注桩，桩端持力层为粉土层，承载力标准值为 170 kPa。

科研楼为全现浇钢筋混凝土框架 – 核心筒结构：框架一级，剪力墙一级；公寓楼为全现浇钢筋混凝土剪力墙结构：剪力墙二级；会展中心为全现浇钢筋混凝土框架 – 剪力墙结构：框架三级，剪力墙二级；金融中心为全现浇钢筋混凝土框架 – 剪力墙结构：框架三级，剪力墙二级。

结构特点：由于建筑功能及空间体形要求，存在楼板开洞不连续及跃层柱，结构按分块刚性板与弹性膜进行结构包络设计，同时加强构造措施进行抗震概念设计，从而提高结构的安全可靠度。

科创园施工现场照片

**（2）智慧社区**

智慧社区地上共 8 栋楼，主要功能为住宅及其配套公共服务设施，包含：1 号、2 号住宅楼，建筑高度 52.20m；3 ~ 5 号住宅楼，建筑高度为 79.20m；6 号配套楼，建筑高度为 9.90m；7 号换热站，建筑高度为 5.30m；大底盘地下室（含人防工程），地下共 1 层，为汽车库、非机动车库和设备用房，总埋置深度约 6m。

该项目建筑物抗震设防类别为标准设防类，结构安全等级为二级，结构设计使用年限 50 年，抗震设防烈度为 8 度，设计基本地震加速度值为 0.20$g$，设计地震分组为第二组，建筑场地类别为 III 类；工程地质情况与科创园相同，但地基基础设计等级为乙级。1 ~ 5 号住宅楼采用桩承台梁 + 防水板的基础形式，桩型采用钻孔灌注桩（后注浆），6 号配套楼采用桩筏基础，桩型采用预应力管桩（PHC-AB500），地下车库（含 7 号换热站）采用桩承台 + 防水板的基础形式，塔楼与裙房之间设后浇带断开，桩型采用预应力管桩 [PHC-AB500（125）]，桩端持力层为粉土层，承载力标准值为 170 kPa。

1 ~ 5 号住宅楼为全现浇钢筋混凝土剪力墙结构，剪力墙二级；6 号配套楼为全现浇钢筋混凝土框架结构，框架二级；7 号换热站为全现浇钢筋混凝土框架结构，框架二级；地下车库为全现浇钢筋混凝土框架结构，框架二级（三级）。

结构特点：由于液化土层达到 20m 深，承载力低，需消除液化影响。基础方案经过了多种方案比较，包括桩基选型、布桩方式、基础底板的分析、基础经济性分析、施工质量的可靠性和成熟度等，结合当地的实践经验，经过当地专家论证，最终形成的基础设计得到了业主、咨询单位、总包单位的一致好评。

智慧社区施工现场照片

## 2. 暖通空调

该项目冷源采用 2 台离心式制冷机组，冷水采用变流量的一次泵系统，冷水供 / 回水温度 7℃ /12℃；热源采用市政管网提供的高温热水，经换热站后，提供 60℃ /45℃ 的空调热水，地板辐射供暖热水供 / 回水温度为 45℃ /35℃，接至制冷机房内分集水器。

根据各业态性质，设计不同的空调系统：办公区域房间采用风机盘管加新风系统；餐厅及多功能厅采用双风机一次回风全空气系统，风机均设变频器，在部分负荷时，变风量节能运行；空调系统设 1 个墙壁型 $CO_2$ 传感器，设在室内靠近回风口处，对室内 $CO_2$ 浓度进行监控，并与空调通风系统的控制联动，根据 $CO_2$ 浓度信号调节新风比。全空气系统最大总新风比可达 70%，在过渡季可加大新风量节能运行；气流组织采用下送下回，送风口采用自动温控型可调风口，自动调节送风角度或送风速度，以满足冬夏季不同的要求。

## 3. 给水排水

从市政引入两路给水管在地块内连通成环，满足地块用水需求。分功能及业态设水表分级计量。设置水封及器具通气，保证排水畅通并满足卫生防疫要求。屋面雨水系统设计重现期 10 年，场地雨水设计重现期 3 年。住宅及公寓采用太阳能系统供给热水。

该项目按一次火灾进行消防系统设计。室外消火栓系统由市政自来水直供。室内消火栓系统及自动喷淋灭火系统采用临时高压消防系统。不宜用水灭火的区域采用七氟丙烷气体灭火系统。

控制系统无超压出流现象，用水点供水压力不大于 0.20MPa，超出 0.2MPa 的配水支管设减压阀，且不小于用水器具要求的最低工作压力。

该项目原为两个地块两套消防系统，即住宅区一套消防系统、公共建筑组团一套消防系统，后来由于规划指标调整及节省成本，地下室由2层改为1层，优化设计阶段考虑到住宅地块与商业地块地库连通且两个地块为同一物业管理单位，故两个地块合用了一套消防系统。

信息中心机房、数据中心机房等是办公建筑的核心所在，该项目变配电室、主要机房、重要档案室等均采用七氟丙烷灭火系统。系统采用自动、手动及机械应急启动三种控制方式。为保护围护结构的安全，在各防护区均设置泄压口。

## 4. 电气及智能化

### （1）变配电室设计

1）科研楼在地下一层设置一处变配电室，内置4台变压器，其中2台为制冷机房用电专用变压器。

2）制冷机房变供电变压器在非制冷季断电，减少变压器的能耗，响应国家相关节能环保政策。

3）按当地供电局要求，智慧社区根据用电负荷不同在地下一层分别设置三处变配电室：物业自管变配电室、充电桩变配电室及局管住户变配电室。

4）供电电源：由市政外网引来两路10kV高压电源，两路高压电源应来自两个不同的区域电站，以保证两路电源不至于同时故障时。

### （2）低压配电设计

1）低压配电系统为TN-S系统，采用220V/380V放射式与树干式相结合的方式，对于单台容量较大的负荷或重要负荷采用放射式供电；对于照明及一般负荷采用树干式与放射式相结合的供电方式。

2）照明系统：科研楼照明用电采用插接母线供电，提高了配电的灵活性，便于后期装修改造；公寓及住宅竖向均采用电缆供电。

### （3）智能化系统配置

1）通信及计算机网络系统包括电话程控交换系统、计算机网络系统、综合布线系统、无线网络系统、移动通信覆盖系统、信息发布系统；

2）安全防范系统包括视频监控系统、门禁系统、巡更系统；

3）有线电视系统；

4）火灾自动报警及其联动控制系统；

5）建筑设备监控系统（仅科研楼设置）；

6）能耗管理系统（仅科研楼设置）；

7）可视对讲系统（仅智慧社区设置）；

8）智能化集成系统。

搭建智慧办公、物业管理平台，将多个子系统接入平台，以智慧化运营手段替换传通物业的管理办法，减少人力物力成本。

# 04/ 应用效果

该项目业态规划兼顾舒适性、布局合理性、文化性、人性化设计、安全性及科技性，户型设计以本地改善型需求为主，满足差异化需求，功能合理、动静分区、污净分离、户户阳光。外立面为经过改良的新中式建筑风格，可以感受到朦胧的历史痕迹与浑厚的文化底蕴，强调简洁、大气、新颖、尊贵、内涵，在有效控制成本的前提下彰显品质。

人视效果图 – 商业配套

人视效果图 – 居住建筑

# 新朔铁路行车公寓办公楼

## 01/ 项目概况

　　该项目地处内蒙古西南部准格尔旗薛家湾镇，该地段是准格尔旗政治、经济、文化的中心，南邻通达街，北与铁路线毗邻，东西长约554m，南北长112～134m，总面积约58809m²。场地内地势平坦，现有单层及多层单位自建房比较密集需要拆除，东南侧与市政道路相邻处有约5m高差。

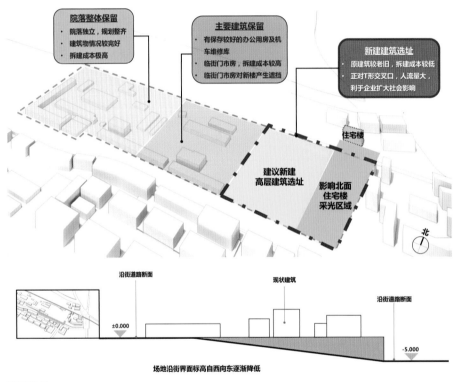

项目选址

　　该项目建设412间乘务员待班公寓，为全体乘务员待乘休息提供住宿，同时建造约357套单身公寓，为公司单身职工提供住宿，其中部分宿舍灵活转化为办公使用。总建筑面积为77190m²，其中地上约60840m²，地下约16350m²。地上部分两栋22层，其中一～三层为裙房，四～二十二层为住宿及办公区。

# 02/ 设计理念

## 1."新朔之窗"

　　建筑整体为现代风格，造型体现新朔铁路公司开拓务实、追求卓越的企业精神。新朔铁路是准格尔旗的门户企业，是外界了解准格尔旗的重要窗口，基于此，该方案以窗口为原型提出"新朔之窗"的概念，力求打造准格尔旗的标志性建筑，充分展示企业的文化形象。窗口形的设计也使得各个生产相关的模块形成紧密的"生产环"，从而提升运营效率，实现企业高质量、高效率发展。

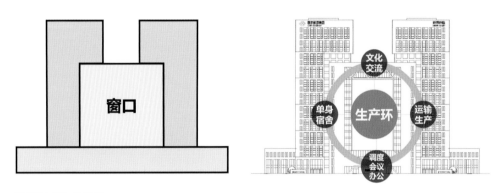

"新朔之窗"分析图

"新朔之窗"

## 2. 场地和建筑

### （1）总平面布局及交通组织设计——友好地融入城市

重新梳理场地内交通组织，削除场地东侧现状护坡，提供友好的城市步行环境，设置外环线，东侧环路接入市政道路"丁"字路口，提升区域通行效率，在场地内部基本实现人车分流。

### （2）竖向布置与地面排水——有机地融入环境

充分利用竖向变化条件，创造特色景观。新建建筑东侧与市政道路垂直交接区域，将多余土方挖去，使之与市政道路平接，作为建筑地下车库入口。引入"双首层"概念的设计策略，利用场地高差，形成下沉前广场，有效解决地下会议区采光通风疏散问题。

### （3）建筑——有效地组织功能

建筑选用"双塔 + 裙房"的格局，建筑共22层。西塔主要功能为单身公寓及辅助用房，东塔为乘务员公寓及辅助用房，3层裙房由西向东依次为活动中心、生产运营指挥中心、档案馆，地下一层设置普通餐厅及24h乘务员餐厅、铁路通信机房、会议区等。会议区中心会议室屋顶由地下升出地面，形成"新朔大脑"，隐喻这里的重要决策将引领公司前进的步伐。

建筑主入口设置于建筑中部，高效组织生产运营功能。乘务员公寓与单身公寓布置相对独立，分设出入口，均设置于塔楼北侧，避免相互干扰。在空中采用连廊将两栋楼连接，以咖啡、茶室、静态活动等功能空间为主，兼顾家属探视的企业文化空间。

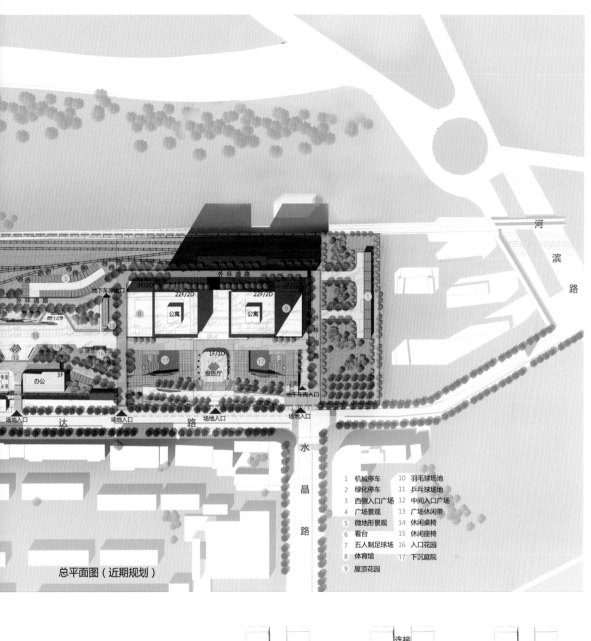

总平面图（近期规划）

| | | | |
|---|---|---|---|
| 1 | 机械停车 | 10 | 羽毛球场地 |
| 2 | 绿化停车 | 11 | 乒乓球场地 |
| 3 | 西侧入口广场 | 12 | 中间入口广场 |
| 4 | 广场景观 | 13 | 广场休闲带 |
| 5 | 微地形景观 | 14 | 休闲桌椅 |
| 6 | 看台 | 15 | 休闲座椅 |
| 7 | 五人制足球场 | 16 | 入口花园 |
| 8 | 体育馆 | 17 | 下沉庭院 |
| 9 | 屋顶花园 | | |

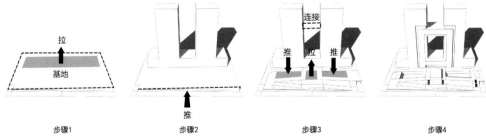

| 步骤1 | 步骤2 | 步骤3 | 步骤4 |
|---|---|---|---|

方案生成图

人视效果图

# 03/ 技术亮点

## 1. 结构和材料

　　该工程由两个塔楼及附属裙房组成，地面以上总长度约 133m，总宽度约 32.8m；塔楼主要功能为宿舍及辅助用房，总高度约 73m，地上 17 层，在二层顶下设置设备夹层，高度 2.19m，塔楼平面尺寸为 31.2m×28.8m，高宽比约 2.52。裙房主要功能为办公、公共健身活动及生活、学习、食堂等配套服务用房，裙房顶部设置屋顶庭院，裙房地上 2 层，与塔楼同宽，高度约 14m；地下设置 3 层，分别为设备夹层、设备用房和停车库，总体埋深约 10m。

　　该项目建筑物抗震设防类别为标准设防（丙类）；结构的安全等级为二级；结构的设计使用年限为 50 年，抗震设防烈度为 7 度，设计基本地震加速度值为 0.10$g$，设计地震分组为第三组；地基基础设计等级为甲级。根据上部结构形式和一般地质条件，塔楼拟采用桩筏基础，地库（含裙房）拟采用柱下桩基（承台）+ 防水板的基础形式，桩型选用钻、冲孔灌注桩，塔楼与裙房之间设后浇带断开。裙房、报告厅、下沉庭院若存在抗浮问题，拟采用抗拔桩（抗压桩兼）+ 防水板的基础形式进行抗浮。

主楼采用全现浇钢筋混凝土框架 – 剪力墙结构：框架二级，剪力墙二级。裙楼为全现浇钢筋混凝土框架结构：框架二级；塔楼、裙房楼板均采用现浇钢筋混凝土结构；羽毛球厅屋面尺寸 19.8m×21.6m，采用钢结构屋面；阅览室屋面尺寸 16.2m×25.8m，采用现浇钢筋混凝土井字梁板结构；报告厅屋面尺寸 18.0m×22.5m，采用现浇钢筋混凝土井字梁板结构。该工程建筑体量较大，为了满足建筑专业对使用、美观的要求，不设结构缝，在适当位置设置后浇带，解决混凝土前期收缩问题。

结构特点：该工程存在若干大跨度结构和局部楼板开洞不连续的情况，对于大跨度的问题，根据跨度尺寸均在 20m 左右的特点，考虑经济性、施工方便、后期维护等主要因素，经比较后合理地确定了结构形式，同时对大跨周边的支撑结构体系采取提高抗震等级及加强构造措施的方法，保证周边的结构刚度大于大跨的结构刚度，且留有一定的安全度；对于楼板不连续的问题，按分块刚性板与弹性膜进行结构包络设计，对于楼板开洞形成的跃层柱，根据抗震概念设计，进行局部不同的模拟形式的计算比较，取最不利的结果，同时加强结构的构造措施，以保证结构的安全度。

## 2. 暖通空调

热源采用市政热力 + 换热站。空调系统：宿舍采用分体空调，预留土建及电源条件；裙房及地下一功能房间设置变制冷剂流量多联机分体空调系统；报告厅、羽毛球场等高大空间设置多联式全新风处理机。档案库馆设置柜式恒温恒湿空调机组，保证室内温湿度恒定。对于宿舍及一些分散的需要冷却的设备用房和值班室、控制室等，使用分体空调可以保证业主使用的灵活性；对于同时使用的，且面积较大的一些区域，可采用多联机空调系统，这种系统相对于冷水机组来说，比较简单，且不需要室内机房，管道内走的是冷媒，室外机不怕冻；对于档案库房，温湿度应根据档案的重要性和载体等因素区别对待，特级、甲级档案馆宜采用空调或局部空调，乙级档案馆可采用局部空调，丙级档案馆可采用供暖、机械通风或者自然通风；空调系统不宜采用带水系统。

## 3. 给水排水

从市政引入一路给水管在场地内连通成环，满足地块用水需求。该项目分功能及业态设水表分级计量。设置水封及器具通气保证排水畅通并满足卫生防疫要求。屋面雨水系统设计重现期 10 年，场地雨水设计重现期 3 年。

该项目按一次火灾进行消防系统设计。室内外消火栓系统及自动喷淋灭火系统采用临时高压消防系统。不宜用水灭火的区域采用七氟丙烷气体灭火系统。

节能减排措施主要是控制系统无超压出流现象，用水点供水压力不大于0.20MPa，超出0.2MPa的配水支管设减压阀，且不小于用水器具要求的最低工作压力。

该项目设置太阳能光伏发电系统，集中生活热水采用太阳能热水系统。此外，在节水、节能及绿色建筑设计中做到以下几点：充分利用市政供水压力；控制系统用水点供水压力不大于0.2MPa；采用节水型给水龙头及配件、节水型冲洗水箱，水龙头、洗涤池（盆）采用陶瓷片等密封耐用、性能优良的水嘴；采用不易被腐蚀及老化、对温度变化的敏感性小、抗冲击和抗压力性能强、具有韧性、易于施工及修复的管材及配件；采用耐腐蚀、耐磨损、抗老化密封件的阀门；采用透水地面，使雨水先经入渗，多余雨水形成径流再进入道路雨水管；增设了海绵城市系统；由于地库部分是在坡地上，有底层和首层两个出入口，故与当地规划部门配合优化了地下出入口的防洪设计及排水设施；给水总表采用远程式水表，并将有关数据传送至省/市数据中心，其他用途、经济核算单元等设置分级远传式水表。

## 4. 电气及智能化

### （1）供配电设计

1）该项目内部设置有铁路通信机房及列调大厅，其用电负荷等级为一级负荷中特别重要负荷，故供电方案为满足一级负荷供电要求的2路10kV电源加自备柴油发电机组供电，为保证铁路通信机房供电的不间断性，配置UPS。

2）该项目预估变压器总装机容量为5000kVA，根据项目的规模、性质、用电负荷及供电半径，拟设置一处变配电室，内置4台SCB14-1250KVA变压器。

3）太阳能利用系统：为响应"碳达峰、碳中和"目标的实施，该项目充分利用太阳能资源，设置并网式太阳能发电系统，在建筑物裙房屋顶、塔楼屋顶及连廊屋顶敷设太阳能光伏板，铺设面积约2100m²。

### （2）节能设计

1）灯具均选用高效节能的LED灯具，各房间或场所的照明功率密度值不高于《建筑节能与可再生能源利用通用规范》GB 55015-2021规定的限制。

2）具有天然采光的公共区域，其照明采取声控、光控、定时控制、感应控制等一种或多种集成的控制装置。

3）低压交流电动机应选用高效能电动机，其能效应符合现行国家标准《电动机能效限定值及能效等级》GB 18613 节能评价值 2 级的规定。

4）选用节能电气产品，同时电梯选用具有节能拖动及节能控制方式的设备。

5）污水泵采用液位控制方式，并设置建筑设备监控系统，实现设备的自动调节及控制，使电动机工作在经济运行范围内；电梯采用群控功能，扶梯采用自动启停等节能控制方式。

6）照明动力等设置分项计量并设置能耗管理系统。

## 04/ 应用效果

该项目以新朔铁路企业需求为基础，以地域文化、铁路文化和企业文化为依托，融入智能、绿色、生态技术，旨在打造国际化、智能化、人性化的高科技标志性建筑，成为展现企业气质和地方精神的城市名片。

# 鼎杰现代机电信息孵化园（加速器）

## 01/ 项目概况

　　该项目主要为研发生产企业提供办公、生产、管理场所，为研发生产创造一个舒适、高雅、有特色的复合办公空间，并提供一个展示、交易、沟通的交流平台，同时满足基本科研设计、研发生产及生活配套需求。

　　该项目位于武汉市东湖高新技术开发区，是国家光电产业基地及国家自主创新示范区，处于开发区核心地带，光谷二路与高新五路交汇处。基地规划建设总用地面积93625.51m²，规划净用地面积69071.83m²，拟规划总建筑面积223639.64m²。

## 02/ 设计理念

为了提高项目开发过程中的经济性和可操控性，同时为了满足不同需求，设计中充分考虑了项目的建筑丰富性和兼容性设计。在园区的规划中，采用具有较强兼容性的模块化标准厂房，形成不同的厂房组群，若干个厂房组成一个大组团，大中小结构环环相扣，可满足不同企业的需求。

### 1. 生态园区的构建

规划设计中充分考虑整个园区的生态性。建设过程中尽然减少对周边环境的影响。规划布局中注重建筑的南北朝向，设计中考虑了一个大的中心公共绿地，可供整个园区办公人员休憩，娱乐。

### 2. 绿色建筑的设计

人们把生态、自然、环保、节能、低碳广泛称为绿色概念；从国际"绿色"大趋势看，绿色思潮逐渐成为国际社会思潮的主流；从国内的"绿色"形势来看，设计观念，正朝着有利于节约资源、保护环境、低消耗、少排放、能循环、可持续的方向发展。该项目设计中广泛运用绿色建筑设计手法。

### 3. 低碳的运营理念

低碳是一种生活理念，并不仅仅是设计师们的追求，在整个项目的运营过程中应该处处体现低碳生活的理念，如节能减排、减少污染等。

### 4. 场地和建筑

规划整体构思清晰简练，需要与整个片区的形象保持一致性——稳重大方，同时需要丰富整个园区的形象。项目重在展示现代孵化园（加速器）科研性、生产性的外在形象，力求以新材料组合的简洁的现代主义风格唤起观者对孵化园（加速器）的联想。在研发生产主题的前提下，在统一中寻求变化。厂房分为7层、8层、9层，多以矩形为主，垂直交通核心分布在四边，简洁高效，中间的大空间办公可分可合，满足各种生产空间需求。

| 案例分析 | | | | | | | 优化 | 设计方案 |
|---|---|---|---|---|---|---|---|---|
| 名称 | Göttingen | Karlsruhe | Selterberg | München | Kiel | Zürich | ➡ | 鼎杰产业园 |
| 图片 | | | | | | | ➡ | |
| 平面 | | | | | | | ➡ | |
| 研发类型 | 分子生物 | 纳米科技 | 生物制药 | 电子科技 | 无机化学 | 纳米微量 | ➡ | 企业生产创新 |
| 建筑特点 | 单体分区组织 半围合式庭院 侧重实验 | 单体外挂式 封闭式庭院 结构清晰 | 造型新颖 机构复杂 造价高昂 | 单体分区式 半围合式庭院 均匀配比 | 独体建筑式 实办交流较弱 造价过高 | 单体联排式 建筑体量过大 造价过高 | ➡ | 建筑丰富化 结构清晰 节约造价 配比均匀 中心庭院 |

案例分析

孵化器大楼采用高层塔楼模式，垂直交通核心布置在中间，使得四周均有良好的采光，同时也不影响使用上的灵活性。研发楼分为多层研发楼和高层研发楼。通过多种平面形式，为园区提供一个安全舒适、类型多样、方便高效的研发生产环境。在平面设计中灵活考虑，以适应不同企业入驻后的改造。在统一平面的基础上，考虑彼此之间的对比，在形式、色彩和材料的应用上不失和谐，力求在风格和整体之间找到一个平衡点来烘托研发生产厂房的整体氛围。

# 03/ 技术亮点

## 1. 结构和材料

整个项目由 8 ~ 16 号楼 9 栋高层厂房、17 号楼高层办公楼和 18 号楼多层厂房组成；8、9、10、12、13、14 号楼地上 9 层，高度 36.900m；11、15、16 号楼地上 9 层，高度 41.100m；17 号楼地上 12 层，高度 40.800m；18 号楼地上 5 层，高度 18.800m；均为框架结构，基础均为天然基础（柱下条基及整体筏板基础）。该工程设防地震烈度为 6 度，设计地震分组为第一组，设计基本地震加速度值为 0.05$g$，II 类场地。8 ~ 18 号楼设防类别均为标准设防类。结构安全等级均为二级。8 ~ 17 号楼框架抗震等级为三级，18 号楼抗震等级为四级。典型结构柱跨为 8000mm×8500mm，楼盖体

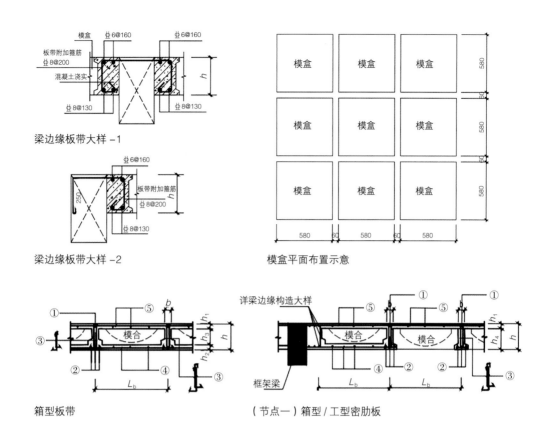

梁边缘板带大样 -1

梁边缘板带大样 -2

模盒平面布置示意

箱型板带

（节点一）箱型 / 工型密肋板

系采用了空腹复合楼板 + 现浇混凝土梁的形式。空腹复合楼板采用预制的填充模盒为内模填埋于混凝土楼板内所形成的复合空腹楼板。填充模盒采用轻质耐火材料预制，施工时起到内模板的作用，施工完成后留在楼板内与钢筋混凝土楼板结构组成空腹复合楼板，使楼板具有更高的经济指标、更好的受力性能、更高的耐火极限，提高楼板的隔声、隔热、减振、节能及环保性能。

## 2. 暖通空调

该工程包含建筑通风及防烟排烟部分。地下层的设备区设置机械排风系统和送风系统。

（1）通风系统：公共卫生间设置吊顶式排气扇，由侧墙百叶排至室外。换气次数不小于 $10h^{-1}$，管道换气扇自带止回阀。机电设备用房的通风系统：地下局部机房设有可开启外窗，自然通风。不满足自然通风的地下暖通设备机房、配电设备机房和给水排水设备机房分别设置机械通风系统，以满足工作人员所需新风量和设备机房的通风换气要求。

（2）地上房间均设置可开启外窗，可开启面积满足自然排烟要求，采用自然排烟。

汽车库平时排风量按通过 CO 稀释浓度法、换气次数法（5 次 h⁻¹）和单车排风量法（每辆车排风量 300m³/h 计算）分别计算比较后的较大值计算，送风量按不小于排风量的 80% 计算。在车库每个机械排风系统所管辖区域设置 CO 浓度检测器，平时根据车库内 CO 浓度自动运行控制相应的排风机启停。

### 3. 给水排水

设计内容包括红线范围内的建筑、地下设备房的给水排水、消防系统及其他节水节能措施的设计。市政水源：从市政供水管上引入两路 $DN200$ 供水管，水压约为 0.25MPa，中区四～十二层为加压供水，水压为 0.65MPa，市政压力为 0.25MPa，满足用水压力要求由市政管网直接供水。本工程由市政管网直接供水。本工程由市政自来水管进水由现有市政供水管上引入两路 $DN200$ 供水管，供水水压为 0.25MPa，给水干管在小区内形成环状给水管网，以满足供应小区内的室外消防的用水需要，生活消防共设一套给水管网。给水排水设计亮点如下：

（1）厂房建筑的管道多且复杂。按照综合布线原则进行管线布置，即按照小管让大管、有压管让无压管、生活让消防、无毒让有毒、金属管让非金属管、气管让水管、低压让高压、阀件少的让阀件多的原则来布置。在排布的时候应该尽量先布置上返下返比较少的或者是一些占空间大的管道，而对于其他管道，则通过局部调整尽量避让，避免出现不必要的管道"打架"的情况。在管道布置过程当中保证管道以及管道附件的功能能够正常使用。在管道布置时，还应留出足够的维修和操作的空间。最后，管道布置时要保证管道是成排成行的。

（2）在进行厂房给水排水设计时，就算是工厂在生产的过程中用水量不是很大，也应在生产车间每隔一定间距处设置相应的地漏，以便消火栓灭火时的水可以及时排出。

（3）为了能够及时发现卫生器具上面的排水横支管发生堵塞的现象，以及能够很好地避免污水进入到环形通气管中，根据相关规范规定，环形通气管以及卫生器具的通气管应该在卫生器具的上面边缘往上且不小于 0.15m 的地方。按照不小于 0.01 的上升坡度和通气立管相接。

### 4. 电气及智能化

#### （1）配变电所设置及电压选择

办公建筑用电负荷如中央空调机房、水泵房等均设在地下层，为使变电所尽量靠近负荷中心，变电所设置在地下一层。一般用电设备以低压为主，电压选择通常为380V/220V。

### （2）低压配电系统

低压配电的接线可选用放射和树干式相结合的方式。放射式配电是负荷由一单独配电线路供电，一般用于下列场所：

1）供电可靠性高的场所；

2）单台设备容量较大的场所；

3）容量比较集中的场所。

树干式配电是多个负荷按其所处的位置依次连接到某一条配电干线上。树干式配电节省线缆，系统灵活性好，适用于用电设备比较均匀，容量不大，对供电可靠性无特殊要求的场所。如一般的照明、插座、空调室内机、通风设备等。

### （3）能耗监控系统

为耗电量、耗水量、耗气量、集中供热耗热量、集中供冷耗冷量与其他能源应用量的控制与测量提供解决方案的系统为能耗监控系统。办公建筑以耗电量作为能耗检测的主要对象，对于以下回路应设置分项计量表计：变压器低压侧出线回路；单独供电的冷热源系统回路；集中供电的分体空调回路；照明插座主回路；电梯回路等。能耗监控系统以计算机、通信设备、测控单元为基本工具，根据现场实际情况采用现场总线、光纤环网或无线通信中的一种或多种结合的组网方式，办公建筑的实时数据采集及远程管理与控制提供了基础平台。

### （4）火灾漏电报警系统

高层办公建筑内火灾危险性大、人员密集等场所设置漏电火灾报警系统、探测漏电电流、过电流等信号，发出声光信号报警，准确报出故障线路地址，监视故障点的变化。对线路的漏电监控，首先应了解保护对象火灾危险性，同时明确工程配电系统设计组成、接地形式和负荷对象性质。对线路漏电电流监控器设定值有下列要求：报警值不应小于20mA，不应大于1000mA，且监控器的报警值应在报警设定值的80%～100%之间，阀值报警的剩余电流额定值均不宜低于正常泄漏电流值的2倍且不宜大于300～500mA。第一级通常为线路末端，第二级设在楼层配电箱和设备间动力配电柜进线处。第三级设置的监控器仅用于漏电报警。各级监控器通过通信技术将数据传送给监控报警主机，完成泄漏电流的实时监控，有效防止电气火灾。

# 04/ 应用效果

　　根据对场地周边环境及场地本身的特点，结合规划设计要求，该项目分别在光谷二路及高新五路布置主要出入口，结合中心花园设计，通过南北、东西方向两条主要视觉景观轴线塑造园区良好的景观形象，从而打造高档建筑标准、环境品质优越的新型高端研发生产园区。建筑空间布局北高南低，在高新五路与光谷二路交叉口处设置两栋标志性25层孵化器研发大楼。沿高新五路设置9层研发车间，基地内部建筑层数高低错落，整个建筑群天际线变化丰富。

　　该项目设置两个机动车出入口，沿高新五路为主要出入口，沿光谷二路的一个出入口为次要出入口和消防紧急出入口，在光谷二路和高新五路交叉口处设置大广场，利用巨石标志、旗杆、喷泉及绿化等小品设施，营造出现代化的人性办公环境。建筑沿光谷二路以东约30m，为园区内办公人员及市民提供大量的休闲绿化场所。园区内部车行系统由三级构成：园区主要车行道、园区次要车行道、园区步行系统等。为考虑实际使用要求，园区内部以南北向的主干道与环形道路形成道路基本骨架，保证人们能快捷地达到每栋办公建筑。中部留出约5000m²的场所为园区的中心绿化，最大限度地营造出绿色、和平、开放的人性办公园区。园区主要道路考虑为9m的宽度，其他道路以8m宽为主。整个园区考虑布置环形车道，在考虑消防安全的同时也兼顾停车要求。

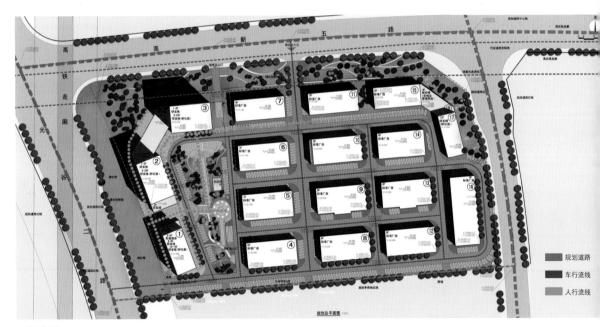

交通分析

光谷二路透视图

标准厂房透视图

高新五路透视图